遥感数字图像处理

（第2版）

主　编　李　玲

主　审　邓　军

重庆大学出版社

内 容 简 介

本书以遥感分类专题图的制作为知识主线,较为系统地讲述了遥感数字图像处理必备的基础知识,遥感图像预处理、增强处理、遥感图像的监督分类和非监督分类等基本理论。在讲述理论的同时,结合具体实例,以 ERDAS 遥感图像处理软件系统为处理平台,详细介绍了遥感图像预处理、增强处理和遥感图像分类的实践操作步骤。

本书的特点是边讲述理论边介绍实践操作,理论知识与实践操作密切结合。理论知识的广度和深度以实践需求为导向,没有过分深入进行理论上的深度挖掘。因此,本书主要用于专科类型的遥感、测量、地理信息系统及相关专业的遥感课程教材,也可作为本科或者从事遥感图像处理相关岗位专业人员的参考书。

图书在版编目(CIP)数据

遥感数字图像处理/李玲主编.—重庆:重庆大学出版社,2010.1(2019.1 重印)
(工程测量技术专业系列教材)
ISBN 978-7-5624-5184-6

Ⅰ.遥… Ⅱ.李… Ⅲ.遥感图像—数字图像处理—高等学校—教材 Ⅳ.TP751.1

中国版本图书馆 CIP 数据核字(2010)第 209464 号

遥感数字图像处理
(第 2 版)

主 编 李 玲
主 审 邓 军

责任编辑:周 立　版式设计:周 立
责任校对:邬小梅　责任印制:张 策

*

重庆大学出版社出版发行
出版人:易树平
社址:重庆市沙坪坝区大学城西路 21 号
邮编:401331
电话:(023) 88617190　88617185(中小学)
传真:(023) 88617186　88617166
网址:http://www.cqup.com.cn
邮箱:fxk@ cqup.com.cn(营销中心)
全国新华书店经销
重庆华林天美印务有限公司印刷

*

开本:787mm×1092mm　1/16　印张:9.75　字数:250 千
2014 年 8 月第 2 版　2019 年 1 月第 3 次印刷
ISBN 978-7-5624-5184-6　定价:22.00 元

序

　　本套系列教材是重庆工程职业技术学院国家示范高职院校专业建设的系列成果之一。根据《教育部 财政部关于实施国家示范性高等职业院校建设计划 加快高等职业教育改革与发展的意见》（教高［2006］14 号）和《教育部关于全面提高高等职业教育教学质量的若干意见》（教高［2006］16 号）文件精神，重庆工程职业技术学院以专业建设大力推进"校企合作、工学结合"的人才培养模式改革，在重构以能力为本位的课程体系的基础上，配套建设了重点建设专业和专业群的系列教材。

　　本套系列教材主要包括重庆工程职业技术学院五个重点建设专业及专业群的核心课程教材，涵盖了煤矿开采技术、工程测量技术、机电一体化技术、建筑工程技术和计算机网络技术专业及专业群的最新改革成果。系列教材的主要特色是：与行业企业密切合作，制定了突出专业职业能力培养的课程标准，课程教材反映了行业新规范、新方法和新工艺；教材的编写打破了传统的学科体系教材编写模式，以工作过程为导向系统设计课程的内容，融"教、学、做"为一体，体现了高职教育"工学结合"的特色，对高职院校专业课程改革进行了有益尝试。

　　我们希望这套系列教材的出版，能够推动高职院校的课程改革，为高职专业建设工作作出我们的贡献。

重庆工程职业技术学院示范建设教材编写委员会

2009 年 10 月

前 言

随着遥感技术的飞速发展,遥感在越来越多的领域得到应用,遥感应用人才的需求也越来越大。在专科和高职院校中的遥感和相关专业中,遥感数字图像处理成为测绘类高等应用人才必备的一项技能。但是,目前遥感图像处理教材基本上都是针对本科及以上类型教育的研究型教材,不适用于专科层次和高职类型的遥感课程教学。本书立足于满足专科和高职遥感应用课程教学需要,系统介绍了遥感数字图像处理的基本理论,同时以 ERDAS 遥感图像处理系统为平台,结合遥感图像处理实例,介绍了常规遥感图像处理的实践操作方法。

根据遥感数字图像处理的工作过程和知识由易至难的学习规律,把生产岗位工作过程融入教学过程,形成了全书的三个教学情境。学习情境 1 介绍了遥感数字图像处理的基础知识,包括遥感数字图像、遥感图像获取、遥感图像处理流程与特点和市场上的主要遥感图像处理系统等。学习情境 2 主要讲述遥感图像的预处理,包括遥感数据的输入输出与格式转换、辐射校正、几何校正、图像镶嵌、图像裁剪等基本理论和相应的实践操作。学习情境 3 讲述了遥感图像的增强处理、监督分类与非监督分类处理和专题制图的基本理论和相应的实践操作。

本书由 5 人合作完成,其中学习情境 1 由柏雯娟老师(重庆工程职业技术学院)编写,学习情境 2 由吕利萍老师(中国地质大学(武汉)信息工程学院)编写,学习情境 3 中的子情景 1 由朱红侠老师(重庆工程职业技术学院)编写,子情景 2 和子情景 3 由李玲老师(重庆工程职业技术学院)编写。全书由李玲老师统稿,邓军老师主审。本书的出版得到了重庆大学出版社的大力支持,在此一并表示感谢。

由于作者水平有限,书中难免有疏漏和不足,敬请读者批评指正。

作 者
2009 年 9 月

目 录

学习情境 **1**

遥感数字图像处理基础知识学习

主要教学内容

主要介绍遥感图像的基本概念以及遥感图像处理的相关基础理论。通过本学习情境的学习,使学习者系统地掌握遥感数字图像的基本概念、遥感数字图像的变换和格式、遥感数字图像的获取以及遥感数字图像处理的基本过程,并从总体上了解相关软硬件知识。

知识目标

能正确陈述遥感及其图像的基本概念;能熟练陈述遥感图像处理的基本概念;能正确陈述遥感图像获取的基本理论和遥感数字图像处理基本原理;能基本陈述正确遥感技术的发展,遥感技术的新进展、新成就。

技能目标

能正确认识电磁波在遥感数字图像获取中的作用。能掌握遥感图像的类型和数据变换格式。能够正确陈述遥感数字图像处理系统的构成及认识代表性产品。

学习导入

遥感(Remote Sensing,简称 RS)、地理信息系统(Geography Information Systems,简称 GIS)和全球定位系统(Global Positioning Systems,简称 GPS)统称为 3S。GIS 是一个专门管理地理信息的计算机软件系统。GPS 是美国从 20 世纪 70 年代开始研制,于 1994 年全面建成,具有海、陆、空全方位实时三维导航与定位能力的新一代卫星导航与定位系统。3S 技术就是空间技术、传感器技术、卫星定位与导航技术、计算机技术、通讯技术相结合,多学科高度集成的对空间信息进行采集、处理、管理、分析、表达、传播和应用的现代信息技术。

遥感是在 20 世纪 60 年代初发展起来的一门新兴综合性技术。开始为航空遥感,自 1972

1

年美国发射了第一颗陆地卫星后,这就标志着航天遥感时代的开始。经过几十年的迅猛发展,目前遥感技术已广泛应用于资源环境、水文、气象、地质地理等领域,成为一门实用的、先进的空间探测技术。遥感技术可用于植被资源调查、气候气象观测预报、作物产量估测、病虫害预测、环境质量监测、交通线路网络与旅游景点分布等方面。例如,遥感图像能反映水体的色调、灰阶、形态、纹理等特征的差别,根据这些影像显示,一般可以识别水体的污染源、污染范围、面积和浓度。另外,利用热红外遥感图像能够对城市的热岛效应进行有效的调查。

遥感是采集地球数据及其变化信息的重要技术手段,是利用遥感器从空中来探测地面物体性质的,根据不同物体对波谱产生不同响应的原理,识别地面上各类地物。也就是利用地面上空的飞机、飞船、卫星等飞行物上的遥感器收集地面数据资料,并从中获取信息,经记录、传送、分析和判读来识别地物。这些广阔的地物,让我们正处在一个视觉迷人的图像世界中,因此图像的处理越来越受到人们的重视,它广泛应用于自动视觉检测、遥感场景解译、防御观测、基于内容的图像检索、运动对象跟踪和生物医学成像等各种应用中,遥感数字图像处理的重要性日益显著。本学习情境主要介绍遥感数字图像处理的基础知识,使学生了解和掌握遥感信息处理的基本知识、方法、基本技能和发展动态,为以后学习遥感数字图像的各种处理方法打下基础。

子情境1 遥感数字图像

遥感技术是及时获取地理信息的一个重要手段,遥感信息准确客观地记录了地表地物的电磁波信息特征,是地理分析的一个重要数据源。遥感图像包括由航空、航天或接近地面等手段所获取的光谱资料,其记录形式有数据磁带、磁盘、光盘、相片、胶片等,均可以通过图像处理设备进行处理。从遥感图像处理手段上,有光学处理和计算机图像数字处理。那么在理解遥感数字图像前,首先了解一下图像的相关概念。

1.1.1 图像与数字图像

1) 图像

图像对于我们并不陌生。它是用各种观测系统以不同形式和手段观测客观世界而获得的,可以直接或间接作用于人眼并进而产生视觉知觉的实体。人的视觉系统就是一个观测系统,通过它得到的图像就是客观景物在人心目中形成的形象。科学研究和统计表明,人类从外界获得的信息约有70%来自视觉系统,也就是从图像中获得的。这里讲到的图像是比较广义的,例如照片、绘图、动画、视像等图像带有大量的信息,相对于文字描述,它可以给人们更加直观的认识。

针对遥感信息来讲,地物的光谱特性一般以图像的形式记录下来。地面反射或发射的电磁波波谱信息经过地球大气到达遥感传感器,传感器根据地物对不同波段电磁波的反射强度以不同的亮度表示在遥感图像上。遥感传感器记录地物电磁波的形式有两种:一种以胶片或其他的光学成像载体的形式,另一种以数字形式记录下来,也就是所谓的数字图像的方式记录地物的遥感信息。

与光学图像处理相比,数字图像的处理简捷、快速,并且可以完成一些光学处理方法所无法完成的各种特殊处理,随着数字图像处理设备的成本越来越低,数字图像处理变得越来越普遍。

2)数字图像

随着数字技术的不断发展和应用,现实生活中的许多信息都可以用数字形式的数据进行处理和存储,数字图像就是这种以数字形式进行存储和处理的图像。利用计算机可以对它进行各种加工处理,还可以将它在网上传输,且多次拷贝而不失真。

(1)数字图像的采集过程

由于计算机仅能处理离散的数据,所以如果要计算机来处理图像,连续的图像函数必须转化为离散的数据集,这一过程叫做图像采集。图像采集由图像采集系统完成,如图1-1所示。图像采集系统包括三个基本单元,即成像系统、采样系统和量化器。采样实际上就是一个空间坐标的量化过程,量化则是对图像函数值的离散化过程。采样和量化系统统称为数字化。

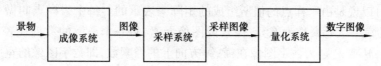

图1-1　数字图像采集系统

图像数字化的精度包括两个部分,即分辨率和颜色深度。

①分辨率

分辨率是指图像数字化的空间精细度,有显示分辨率和图像分辨率两种不同的分辨率。图像分辨率实质是数字化图像时划分的图像的像素密度,即单位长度内的像素数,其单位是每英寸的点数DPI(Dots per Inch)。显示分辨率则是数字图像在输出设备(如显示器或打印机)上能够显示的像素数目和所显示像素之间的点距。

图像分辨率说明了数字图像的实际精细度,显示分辨率说明了数字图像的表现精细度。具有不同的图像分辨率的数字图像在同一设备上的显示分辨率是相同的。显示器是常见的图像输出设备,现在常见的显示器的分辨率一般可达1 024×768和1 280×1 024。

②颜色深度

颜色深度简单说就是最多支持多少种颜色。一般是用"位"来描述的,也可以称之为位深度,用来度量图像中有多少颜色信息可用于显示或打印像素。较大的位深度(每像素信息的位数更多)意味着数字图像具有较多的可用颜色和较精确的颜色表示。举个例子,如果一个图片支持256种颜色(如GIF格式),那么就需要256个不同的值来表示不同的颜色,也就是从0到255。用二进制表示就是从00000000到11111111,总共需要8位二进制数。所以颜色深度是8。如果是BMP格式,则最多可以支持红、绿、蓝各256种,不同的红绿蓝组合可以构成256的3次方种颜色,就需要3个8位的二进制数,总共24位。所以颜色深度是24。还有PNG格式,这种格式除了支持24位的颜色外,还支持alpha通道(就是控制透明度用的),总共是32位。总的说来,颜色深度越大,图片占的空间越大。

(2)数字图像的表示

客观世界在空间上是三维的,但一般从客观景物得到的图像是二维的。一幅图像可以用一个二维数组$f(x,y)$来表示,这里x和y表示二维空间xy中一个坐标点的位置,而f则代表图像在点(x,y)的某种性质F的数值。例如,常用的图像一般是灰度图,这时f表示灰度值(gray level),它常对应客观景物被观察到的亮度。需要指出,我们一般是根据图像内不同位置的不同性质来利用图像的。日常所见的图像多是连续的,即 f,x,y 的值可以是任意实数。为了能用计算机对图像进行加工,需要把连续的图像在坐标空间 xy 和性质空间 F 都离散化。当 x,y 和 f 的值都是有限的、离散的数值时,我们称这幅图片为数字图像。如用数码相机拍摄的数字照片。数字图像是图像的数字表示,像素是其最小的单位。通常,我们可以用如下的一个矩阵来表示一个数字图像:

$$\begin{bmatrix} f(0,0) & f(0,1) & \cdots & f(0,M-1) \\ f(1,0) & f(1,1) & \cdots & f(1,M-1) \\ \vdots & \vdots & & \vdots \\ f(N-1,0) & f(N-1,1) & \cdots & f(N-1,M-1) \end{bmatrix}$$

在计算机中通常采用二维数组来表示数字图像的矩阵。数字图像是连续图像的一种近似表示,通常也可以说是由采样点的值所组成的矩阵来表示的。每个采样点叫做一个像素(pixel)。矩阵中的每一个元素称为像元、像素或图像元素,每一个离散的数据代表一个像素的颜色值。上式中,M、N 分别为数字图像在横、纵方向上的像素数,即数字图像的宽度和高度。

(3)数字图像的图像格式

把像素按不同的方式进行组织或存储,就得到不同的图像格式,把图像数据存成文件就得到图像文件。图像格式即图像文件存放在存储器上的格式,通常有 JPEG、TIFF、RAW 等。由于某些图像文件很大,储存空间却有限,因此图像通常都会经过压缩再储存。在 Windows 系统中,最常用的图像格式是位图格式,其文件名以 BMP 为扩展名。下面具体介绍几种常用的图像格式:

①BMP 格式

BMP 是英文 Bitmap(位图)的简写,它是 Windows 操作系统中的标准图像文件格式。这种格式的特点是包含的图像信息较丰富,几乎不进行压缩,因此它占用磁盘空间比较大。

BMP 文件的图像深度,也就是每个像素的位数有 1(单色),4(16 色),8(256 色),16(64K色,高彩色),24(16M 色,真彩色),32(4 096M 色,增强型真彩色)。BMP 文件存储数据时,图像的扫描方式是按从左到右、从下到上的顺序。典型的 BMP 图像文件由三部分组成:位图文件头数据结构,它包含 BMP 图像文件的类型、显示内容等信息;位图信息数据结构,它包含有BMP 图像的宽、高、压缩方法,以及定义颜色等信息。

②GIF 格式

GIF 格式是用来交换图片的,当初开发这种格式的目的就是解决当时网络传输带宽的限制。GIF 格式的特点是压缩比高,磁盘空间占用较少,所以这种图像格式迅速得到了广泛的应用。GIF 格式可以同时存储若干幅静止图像进而形成连续的动画,使之成为当时支持 2D 动画为数不多的格式之一(称为 GIF89a)。目前 Internet 上大量采用的彩色动画文件多为这种格式的文件,也称为 GIF89a 格式文件。GIF 格式的缺点是不能存储超过 256 色的图像,所以通常用来显示简单图形及字体。它在压缩过程中,图像的像素资料不会被丢失,然而丢失的却是图像的色彩。尽管如此,这种格式仍在网络上大行其道应用,这和 GIF 图像文件短小、下载速度快、可用许多具有同样大小的图像文件组成动画等优势是分不开的。

③JPEG 格式

JPEG 也是常见的一种图像格式,其扩展名为.jpg 或.jpeg。JPEG 压缩技术十分先进,压缩

比率通常在 $10:1 \sim 40:1$。它用有损压缩方式去除冗余的图像和彩色数据,获取极高的压缩率的同时能展现十分丰富生动的图像,可以用最少的磁盘空间得到较好的图像质量。JPEG 被广泛应用于网络和光盘读物上。

④TIFF 格式

TIFF(Tag Image File Format)是 Mac 中广泛使用的图像格式。它的特点是图像格式复杂、存储信息多。正因为它存储的图像细微层次的信息非常多,图像的质量也得以提高,故而非常有利于原稿的复制。

该格式有压缩和非压缩两种形式,其中压缩可采用 LZW 无损压缩方案存储。不过,由于 TIFF 格式结构较为复杂,兼容性较差,因此有时软件可能不能正确识别 TIFF 文件(现在绝大部分软件都已解决了这个问题)。目前在 Mac 和 PC 机上移植 TIFF 文件也十分便捷,因而 TIFF 现在也是微机上使用最广泛的图像文件格式之一。

⑤PSD 格式

这是图像处理软件 Photoshop 的专用格式 Photoshop Document(PSD)。在 Photoshop 所支持的各种图像格式中,PSD 的存取速度比其他格式快很多,功能也很强大。由于 Photoshop 越来越被广泛地应用,所以这种格式也会逐步流行起来。

⑥PNG 格式

PNG(Portable Network Graphics)是一种新兴的网络图像格式。PNG 是目前保证最不失真的格式,它汲取了 GIF 和 JPG 两者的优点,存储形式丰富,兼有 GIF 和 JPG 的色彩模式;它的另一个特点能把图像文件压缩到极限以利于网络传输,但又能保留所有与图像品质有关的信息,因为 PNG 是采用无损压缩方式来减少文件的大小,这一点与牺牲图像品质以换取高压缩率的 JPG 有所不同;它的第三个特点是显示速度很快,只需下载 1/64 的图像信息就可以显示出低分辨率的预览图像;第四,PNG 同样支持透明图像的制作,透明图像在制作网页图像的时候很有用。PNG 的缺点是不支持动画应用效果。

⑦SVG 格式

SVG 可以算是目前最最火热的图像文件格式了,它的英文全称为 Scalable Vector Graphics,意思为可缩放的矢量图形。它严格来说应该是一种开放标准的矢量图形语言。SVG 提供了目前网络流行格式 GIF 和 JPEG 无法具备的优势:可以任意放大图形显示,但绝不会以牺牲图像质量为代价;字在 SVG 图像中保留可编辑和可搜寻的状态;平均来讲,SVG 文件比 JPEG 和 GIF 格式的文件要小很多,因而下载也很快。

(4)数字图像的基本形式

数字图像有两种基本形式:矢量图像和光栅图像。

矢量图像由数学上定义的直线和曲线组成,我们可以在由 Adobe Illustrator 和 3-D 模型软件制作的插图中看到它。这种图像有一种不是很真实、插图化的感觉。它的妙处是,当图像缩放时图像质量不产生失真。

光栅图像可以简单地认为是由像素组成的栅格(光栅)。像素是计算机屏幕上显示颜色的小点。每个像素由一个数值表示,即颜色值。如果你是个计算机新手,你很可能经常使用光栅图像。Adobe Photoshop 等图像编辑软件可以精确地处理光栅图像上的每个点,从而可以从整体上控制图像。照片通常是光栅图像。但是它们不像矢量图像一样到处被缩放。

3）图像与数字图像的转换

许多带有图像的文件都使用图像如幻灯片、透射片或反射片。要获得一个数字图像必须将图像中的像素转换成数字信息，以便在计算机上进行处理和加工。将图像转换成数字图像的工作，通常可由扫描仪来完成。扫描仪测量从图片发出或反射的光，依次记录光点的数值并产生一个彩色或黑白的数字拷贝。这个图像被翻译成一系列的数字后存储在计算机的硬盘上或者其他的电子介质上，如可移动式硬盘，图形 CD 或记录磁带等。一旦图像被转换成数字文件，它就能够被电子化地从一台计算机传输到另一台计算机上。出现在网络上的图像是数字的，或者说是数字存储的。数字可以存储任何类型的信息，不管是声音文件、文本文档还是图像，都可以在计算机内部用一系列的二维数组进行表示。一幅数字化的图像在你的计算机屏幕和打印出来时看起来像图像，但是它在计算机内是用数字存储的。

1.1.2 遥感数字图像

1）遥感

（1）遥感的定义

遥感是 20 世纪 60 年代蓬勃发展起来的，随着现代物理学、空间技术、电子技术、计算机技术、信息科学和环境科学的发展，遥感技术已成为一种影像遥感和数字遥感相结合，先进、实用的综合性探测手段，被广泛应用于农业、林业、地质、地理、海洋、水文、气象、环境监测、地球资源勘探及军事侦察等各个领域。

顾名思义，遥感就是遥远地感知。人类通过大量的实践，发现地球上每一个物体都在不停地吸收、发射和反射信息和能量，其中有一种人类已经认识到的形式——电磁波，并且发现不同物体的电磁波特性是不同的。遥感就是根据这个原理来探测地表物体对电磁波的反射和其发射的电磁波，从而提取这些物体的信息，远距离识别物体。遥感是通过传感器遥远地感知地物的光谱特性，并通过判读图像色调来判读地物特征。

例如，大兴安岭森林火灾发生时，由于着火的树木温度比没有着火的树木温度高，它们在电磁波的热红外波段会比没有着火的树木辐射出更多的能量。这样，当消防指挥官面对熊熊烈火担心不已的时候，如果正好有一个载着热红外波段传感器的卫星经过大兴安岭上空，传感器拍摄到大兴安岭周围方圆上万平方千米的影像，着火的森林就会显示出比没有着火的森林更亮的浅色调。当影像经过处理上交后指挥官一看，图像上发亮的范围很大，而消防队员只是集中在一个很小的范围内，说明火情逼人，必须马上调遣更多的消防员，到不同的地点参加灭火战斗。

（2）遥感分类

遥感的分类方法很多，依据不同的标准有不同的分类方法，可简要的分为以下几种。

①按遥感平台的高度分类

按遥感平台的高度分，遥感大体上可分为航天遥感、航空遥感和地面遥感。

航天遥感又称太空遥感，泛指利用各种太空飞行器为平台的遥感技术系统，以地球人造卫星为主体，包括载人飞船、航天飞机和太空站，有时也把各种行星探测器包括在内。卫星遥感，是航天遥感的重要组成部分，以人造地球卫星作为遥感平台，主要利用卫星对地球和低层大气进行光学和电子观测。

航空遥感泛指从飞机、飞艇、气球等空中平台对地观测的遥感技术系统。

地面遥感主要指以高塔、车、船为平台的遥感技术系统,地物波谱仪或传感器安装在这些地面平台上,可进行各种地物波谱测量。

②按所利用的电磁波的光谱段分类

按所利用的电磁波的光谱段分,遥感可分为可见光反射红外遥感、热红外遥感和微波遥感三种类型。

可见光反射红外遥感主要指利用可见光($0.4 \sim 0.7 \ \mu m$)和近红外($0.7 \sim 2.5 \ \mu m$)波段的遥感技术的统称,前者是人眼可见的波段,后者是反射红外波段,人眼虽不能直接看见,但其信息能被特殊遥感器所接收。它们的共同的特点是,其辐射源是太阳,在这两个波段上只反映地物对太阳辐射的反射,根据地物反射率的差异,就可以获得有关目标物的信息,它们都可以用摄影方式和扫描方式成像。

热红外遥感指通过红外敏感元件,探测物体的热辐射能量,显示目标的辐射温度或热场图像的遥感技术的统称,遥感中指 $8 \sim 14 \ \mu m$ 波段范围。地物在常温(约 300 K)下热辐射的绝大部分能量位于此波段,在此波段地物的热辐射能量,大于太阳的反射能量。热红外遥感具有昼夜工作的能力。

微波遥感指利用波长 $1 \sim 1 \ 000 \ mm$ 电磁波遥感的统称。通过接收地面物体发射的微波辐射能量,或接收遥感仪器本身发出的电磁波束的回波信号,对物体进行探测、识别和分析。微波遥感的特点是对云层、地表植被、松散沙层和干燥冰雪具有一定的穿透能力,又能夜以继日地全天候工作。

③按研究对象分类

按研究对象分,遥感可分为资源遥感与环境遥感两大类。

资源遥感以地球资源作为调查研究的对象,调查自然资源状况和监测再生资源的动态变化,是遥感技术应用的主要领域之一。利用遥感信息勘测地球资源,成本低,速度快,有利于克服自然界恶劣环境的限制,减少勘测投资的盲目性。

环境遥感利用各种遥感技术,对自然与社会环境的动态变化进行监测或作出评价与预报。由于人口的增长与资源的开发、利用,自然与社会环境随时都在发生变化,利用遥感多时相、周期短的特点,可以迅速为环境监测、评价和预报提供可靠依据。

④按应用空间尺度分类

按应用空间尺度分,遥感可分为全球遥感、区域遥感和城市遥感。

全球遥感全面系统地研究全球性资源与环境问题。

区域遥感以区域资源开发和环境保护为目的,它通常按行政区划(国家、省区等)和自然区划(如流域)或经济区进行。

城市遥感以城市环境、生态作为主要调查研究对象。

⑤按遥感仪器所选用的波谱性质分类

遥感技术按其遥感仪器所选用的波谱性质可分为电磁波遥感技术、声呐遥感技术、物理场(如重力和磁力场)遥感技术。

⑥按遥感探测的工作方式分类

根据遥感探测的工作方式不同分,可以将遥感分为主动式遥感和被动式遥感。

所谓主动式遥感,即通过主动发射电磁波并接收被研究物体反射或者散射的电磁波进而推断;被动式遥感,即直接接收被观测物体自己发射或者反射的电磁辐射,自然界中,太阳是一个重要的辐射源。

(3)遥感发展概况

"Remote Sensing"(遥感)一词首先是由美国海军科学研究部的伊夫杯·L.布鲁依特提出来的。20世纪60年代初在由美国密执安大学等组织发起的环境科学讨论会上正式被采用，此后"遥感"这一术语得到科学技术界的普遍认同和接受，而被广泛运用。而遥感的渊源则可追溯到很久远以前，其发展可大致分为二大时期。

①遥感的萌芽及其初期发展时期

如果说人类最早的遥感意识是懂得了凭借人的眼、耳、鼻等感觉器官来感知周围环境的形、声、味等信息，从而辨认出周围物体的属性和位置分布的话，那么，人类自古以来就在想方设法不断地扩大自身的感知能力和范围。古代神话中的"千里眼"、"顺风耳"即是人类这种意识的表达和流露，体现了人们梦寐以求的美好幻想。1610年意大利科学家伽利略研制的望远镜及其对月球的首次观测，以及1794年气球首次升空侦察，可视为是遥感的最初尝试和实践。而1839年达格雷(Daguerre)和尼普斯(Niepce)的第一张摄影相片的发表则更加进行了展示。

随着摄影术的诞生和照相机的使用，以及信鸽、风筝及气球等简陋平台的应用，构成了初期遥感技术系统的雏形。空中相片的魅力，得到更多人的首肯和赞许。1903年飞机的发明，以及1909年怀特(Wilbour Wright)第一次从飞机上拍摄意大利西恩多西利(Centocelli)地区空中相片，从此揭开了航空摄影测量——遥感初期发展的序幕。

在第一次进行航空摄影以后，1913年，开普顿·塔迪沃(Captain Tardivo)，发表论文首次描述了用飞机摄影绘制地图的问题。第一次世界大战的爆发，使航空摄影因军事上的需要而得到迅速的发展，并逐渐发展形成了独立的航空摄影测量学的学科体系。其应用进一步扩大到森林、土地利用调查及地质勘探等方面。

随着航空摄影测量学的发展及其应用领域的扩展，特别是第二次世界大战中军事上的需要，以及科学技术的不断进步，使彩色摄影、红外摄影、雷达技术及多光谱摄影和扫描技术相继问世，传感器的研制得到迅速的发展，遥感探测手段取得了显著的进步。从而超越了航空摄影测量只记录可见光谱段的局限，向紫外和红外扩展，并扩大到微波。同时，运载工具以及判读成图设备等也都得到相应的完善和发展。随着科学技术的飞跃发展，遥感迎来了一个全新的现代遥感的发展时期。

②现代遥感发展时期

1957年10月4日前苏联发射了人类第一颗人造地球卫星，标志着遥感新时期的开始。1959年前苏联宇宙飞船"月球3号"拍摄了第一批月球相片。20世纪60年代初人类第一次实现了从太空观察地球的壮举，并取得了第一批从宇宙空间拍摄的地球卫星图像。这些图像大大地开阔了人们的视野，引起了广泛关注。随着新型传感器的研制成功和应用、信息传输与处理技术的发展，美国在一系列试验的基础上，于20世纪70年代初发射了用于探测地球资源和环境的地球资源技术卫星"ERTS-1"(即陆地卫星-1)，为航天遥感的发展及广泛应用，开创了一个新局面。

至今世界各国共发射了各种人造地球卫星已超过3 000颗，其中大部分为军事侦察卫星(约占60%)，用于科学研究及地球资源探测和环境监测的有气象卫星系列、陆地卫星系列、海洋卫星系列、测地卫星系列、天文观测卫星系列和通讯卫星系列等。通过不同高度的卫星及其载有的不同类型的传感器，不间断地获得地球上的各种信息。现代遥感充分发挥航空遥感和航天遥感的各自优势,并融合为一个整体,构成了现代遥感技术系统。为进一步认识和研究地球,合理开发地球资源和环境,提供了强有力的现代化手段。

现代遥感技术的发展引起了世界各国的普遍重视,遥感应用的领域及应用的深度在不断扩大和延伸,取得了丰硕的成果和显著的经济效益。国际学术交流日益频繁,遥感的发展方兴未艾,前景远大。

当前,就遥感的总体发展而言,美国在运载工具、传感器研制、图像处理、基础理论及应用等遥感各个领域(包括数量、质量及规模上)均处于领先地位,体现了现今遥感技术发展的水平。前苏联也曾是遥感的超级大国,尤其在其运载工具的发射能力上,以及遥感资料的数量及应用上都具有一定的优势。此外,西欧、加拿大、日本等发达国家也都在积极地发展各自的空间技术,研制和发射自己的卫星系统,例如法国的SPOT卫星系列,日本的JERS和MOS系列卫星等。许多第三世界国家对遥感技术的发展也极为重视,纷纷将其列入国家发展规划中,大力发展本国的遥感基础研究和应用,如中国、巴西、泰国、印度、埃及和墨西哥等,都已建立起专业化的研究应用中心和管理机构,形成了一定规模的专业化遥感技术队伍,取得了一批较高水平的成果,显示出第三世界国家在遥感发展方面的实力及其应用上的巨大潜力。

纵观遥感近30年来的发展,总的看来,当前遥感仍处于从实验阶段向生产型和商业化过渡的阶段,在其实时监测处理能力、观测精度及定量化水平,以及遥感信息机理、应用模型建立等方面仍不能或不能完全满足实际应用要求。因此,今后遥感的发展将进入一个更为艰巨的发展历程,为此需要各个学科领域的科技人员协同努力,深入研究和实践,共同促进遥感的更大发展。

(4)我国遥感发展概况及其特点

我国国土辽阔,地形复杂,自然资源丰富。为了清查和掌握我国土地、森林、矿产、水利等自然资源,更好地配合国家建设,我国对遥感的发展一直给予重视和支持。

20世纪中叶,我国就组织了专业飞行队伍,开展了航空摄影和应用工作。60年代,我国航空摄影工作已初具规模,完成了我国大部分地区的航空摄影测量工作,应用范围不断扩展。有关院校设立了航空摄影专业或课程,培养了一批专业人才,专业队伍得到巩固和发展,为我国遥感事业的发展打下了基础。

20世纪70年代,随着国际上空间技术和遥感技术的发展,我国的遥感事业迎来了一个新的发展时期。20世纪70年代初,我国成功地发射了第一颗人造地球卫星。继而,1975年11月26日我国发射的卫星在正常运行之后,按计划返回地面,并获得了质量良好而清晰的卫星相片。随着美国陆地卫星图像以及数字图像处理系统等遥感资料和设备的引进,特别是我国经济建设的恢复和发展需要,80年代遥感事业在我国空前地活跃起来。经80年代及90年代初的发展,我国相继完成了从单一黑白摄影向彩色、彩红外、多波段摄影等多手段探测的航空遥感的转变;特别是数项大型综合遥感试验和遥感工程的完成,使我国遥感事业得到长足的发展,大大缩短了与世界先进水平的差距,有些项目已进入世界先进水平行列。

纵观我国近年来遥感的发展,体现出以下主要特点:

①国家的重视和支持,以及实行集中统一领导和统一规划,为遥感的快速发展奠定了基础。

我国遥感的发展起步较晚,在20世纪70年代初期和中期,仍明显地表现出部门自发的积极性上,以及低水平的重复等初期发展的特点。为此,国家科委组织了全国性的调研,并在此基础上组织筹建了全国遥感协调领导组织,继而发展成立了国家遥感中心,集中领导及协调了全国的遥感发展,编制了我国遥感发展的中远期规划,确定了近期主攻的目标。与此同时,国家在六五计划中,将遥感列入国家重点科技攻关课题,给予重点的支持,为遥感及时步入正轨以及快速的发展奠定了基础。

②集中人力、物力进行科技攻关,重点突破,为缩短我国与国际遥感先进水平的差距,赶超国际先进水平打下了基础。

在六五计划期间,国家安排了传感器研制、图像处理、基础理论及应用研究等四个领域、近百个专题进行攻关研究和开发。集中投入了资金和使用了国际援助的项目经费,集结了全国一部分科技人员经过 5 年的科技攻关,所取得的效益是明显的。即不但大大缩短了与国际遥感先进水平的差距,而且,在个别应用领域赶上了国际先进水平,形成了我国独具特色的遥感事业。

七五计划期间,遥感技术开发与应用继续被列入国家重点科技攻关项目,并在高空机载遥感系统的研制及配套,多种遥感数据的综合分析方法研究,资源与环境信息系统(即 GIS)的开发以及遥感技术在黄土高原和"三北"防护林调查的应用等五个课题进行了协作攻关研究,共取得 102 项研究成果,其中重大成果 55 项,使我国遥感发展得到了长足的进步,促进和推动了我国遥感由实验研究阶段向实用生产型转化的进程。

通过科技攻关,我国遥感技术的发展能力已全面形成,遥感专业队伍得到进一步的锻炼和壮大,我们已完全有能力对遥感的世界性前沿课题进行自主开发研究。

③全国性、大区域遥感工程的实施完成,充分显示出我国遥感的特色和水平。

我国疆域辽阔,自然环境复杂,为开展遥感的实验研究,提供了优越的环境条件。我国又是一个发展中国家,经济建设和发展急需遥感在提供及时准确的各种资源与环境信息方面发挥作用。这些无疑为我国遥感的发展创造了良好的条件。因此,我国在遥感起步之初即紧紧围绕着为国民经济建设服务这一宗旨开展工作,并先后组织实施了几项大型或跨省区大区域的遥感工程。例如,北京大学等高校完成的山西省农业资源遥感综合调查,以及内蒙古草场资源遥感调查;以中国科学院系统为主要力量完成的黄土高原遥感综合调查,及"三北"防护林遥感综合调查等。这些调查的完成不但为区域的治理开发及规划提供了重要科学依据,而且在遥感技术的应用方法方面取得重大成果和重要进展,产生明显的社会经济效益,充分显示了我国遥感的特色,以及我国在遥感应用方面的水平。

90 年代及今后我国遥感发展的前景将更为广阔,八五计划期间,国家重点科技攻关项目的遥感课题"自然灾害监测与评估和主要作物估产运行系统的设计实验"的实施和运作,我国将积极参与的地球系统全球宏观综合研究工作和进行广泛的国际学术交流合作等,将进一步证明我国在遥感技术领域具有参与国际竞争,自立于世界民族之林的能力。

2)遥感数字图像

(1)遥感信息

地物的光谱特性一般以图像的形式记录下来。地面反射或发射的电磁波信号经过地球大气到达遥感传感器,传感器根据地物对电磁波的反射强度以不同的亮度表示在遥感图像上。遥感传感器记录地物电磁波的形式有两种:一种以胶片或其他光学成像载体的一种以数字形式记录,也就是所谓的光学图像和数字图像的方式记录地物的遥感信息。

遥感技术是及时获取地理信息的一个重要手段,遥感信息准确客观地记录地表地物的电磁波信息特征,是地理分析的一个重要数据源。遥感图像包括由航空、航天或接近地面等手段所获取的光谱资料,其记录形式有 CCT 数据磁带、磁盘、光盘、相片、胶片等,均可以通过图像处理设备进行处理。从遥感图像处理手段上,有光学处理和计算机图像数字处理。

（2）遥感数字图像

遥感数字图像是以数字形式表示的遥感图像。数字记录方式主要指扫描磁带、磁盘、光盘等的电子记录方式。它是以光电二极管等作为探测元件,将地物的反射或发射能量,经光电转换过程,把光的辐射能量差转换为模拟的电压差(模拟电信号),再经过模数(A/D)变换,将模拟量变换为数值(亮度值),存储于数字磁带、磁盘、光盘等介质上。扫描成像的电磁波谱段包括从紫外线、可见光到近红外、中红外、远红外的整个光学波段。由于可以灵活地分割为许多狭窄的谱段,甚至上百个谱段,故波谱分辨率高,信息量大,并适于数据的传输和各种数值运算。

遥感数字图像最基本的单位是像元(或称像素)。像元是成像过程的采样点,也是计算机图像处理的最小单元。像元具有空间特征和属性特征。由于传感器从空间观测地球表面,因此每个像元具有特定的地理位置的信息,用像元的行、列号来表示(图 1-2),并表征一定的面积。对于陆地卫星多光谱扫描仪 MSS 数字图像来说,每个像元代表地面 57 m×79 m 的面积。一幅 MSS 影像覆盖地面面积为 185 km×185 km,共四个波段,每个波段均为 2 340 个扫描行,每行有 3 240 个扫描采样点。一个波段的数字图像要由 2 340×3 240 ＝750 万个像元组成。四个波段图像总共有 3 000 万个扫描采样点。由于传感器种类不同,对应的地面分辨率也不同,TM 数字图像的地面分辨率是 28.5 m,SPOT 全色波段的分辨率为 10 m。

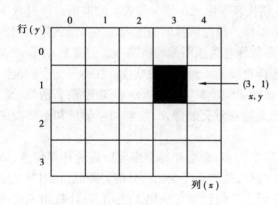

图 1-2　像元的行、列号表示

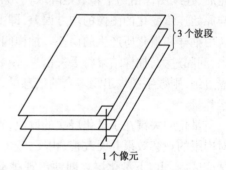

图 1-3　不同波段的像元属性特征

像元的属性特征采用特定波长的像元的光谱辐射亮度值来表示。在不同波段上,相同地物的亮度值可能是不同的(图 1-3),这是因为地物在不同波段上辐射电磁波的不同造成的。

由于传感器上探测元件的灵敏度直接影响有效量化的级数,因此,不同的传感器提供的有效量化的级数是不同的。对于 Landsat MSS,它有 128 个灰级,最小为 0,代表黑色;最大为 127,代表白色。Landsat TM 和 SPOT 有 256 个灰级,NOAA AVHRR 有 1 024 个灰级。

3）遥感数字图像的特点

（1）便于计算机处理与分析:计算机是以二进制方式处理各种数据的。采用数字形式表示遥感图像,便于计算机处理。因此,与光学图像处理方式相比,遥感数字图像是一种适于计算机处理的图像表示方法。

（2）图像信息损失低：由于遥感数字图像是用二进制表示的，因此在获取、传输和分发过程中，不会因长期存储而损失信息，也不会因多次传输和复制而产生图像失真。而模拟方法表示的遥感图像会因多次复制而使图像质量下降。

（3）抽象性强：尽管不同类别的遥感数字图像，对于不同的物理背景，有不同的视觉效果，但由于它们都用数字形式表示，便于建立分析模型、进行计算机解译和运用遥感图像专家系统。

1.1.3 遥感图像数据的变换

数据变换是信号、数值按照一定的规则转换为另一种形式的处理方法。遥感图像的数据变换主要有：模/数变换、数/模变换、数/数变换、数域变换、数型变换等。

1）模/数（A/D）变换

地物反射波谱信号或者航空航天遥感像片，都是一连续变化的模拟量，只有将它转化为离散的数字点集（像元亮度值），才可利用数字处理技术对它进行快速可靠的传输和灵活多变的处理，这种将模拟量转化为离散数字点集的过程叫做模拟/数字变换，或模/数变换。

模/数变换包括两个过程：抽样和量化。

抽样又称采样或取样，是指在连续变化的模拟的遥感图像二维空间域上，按照在均匀或非均匀的空间间隔（抽样间隔）Δx 和 Δy 内读取或测量连续信号值，获取模拟样本的量化值，称为像元亮度值（或灰度值）。一幅图像被划分有限行（M）和有限列（N），根据划分的行号（i）和列号（j）可以确定像元的坐标；数字化的图像只有有限个确定的灰度值，这样数字化的图像只需三个整数值（像元的行号 i，列号 j，灰度值 f）就代表了像元在某一位置上的取值。经过数字化后，连续图像由一个整数矩阵取代，称为数字图像。模拟转换的精度表现为离散的像元图像与原始连续变化的图像的均方误差，即由数字图像恢复为原图像的精确程度的度量，此误差包含由抽样和量化所产生的误差。抽样间隔的选择直接关系到抽样的精度。在有限的空间范围内，间隔过大，抽样结果将丢失信息，使数字图像的视觉现象为附加噪声和变模糊；若所取的间隔过细，则数字图像出现多余的信息量，即存在无独立意义的像元，并增加存储量和不必要的运算量。

量化的关键在于量化层次的取值，若量化层次太多，会增加每个像元所需的存储位数，而对肉眼的观察效果并无改善；相反，若量化层次过少，地物亮度变化的分辨力降低，在图像亮度缓变区内，上、下量化层之间便出现跳动，信息量少。假设量化级用 L 表示，其计数用二进制法，则总灰度级数 $L = 2^b$，b 为每个像元占用的比特（bit）数。对于陆地卫星 MSS 图像采用 7 位，灰级数为 128。陆地卫星图像，如 Landsat TM 波段和 SPOT 图像，通常采用 8 位，即 256 级来表示，因而比 MSS 扫描图像在量化误差上有所改善。而 NOAA 卫星红外波段显示的温度量化层次大于 256 级，$b = 10$，自然大大提高了图像显示的水温变化的分辨力。

为了提高图像的视觉效果，常常把原图的量化等级提高到 256 级，主要通过计算机的内插和离散化处理来实现。

2）数/模（D/A）变换

数/模变换就是将离散点集的像元亮度值或图像，转化为连续变化的模拟量的过程。如彩色图像的显示器，分别由三根扫描的电子枪入射到荧光屏上，它由许多点排列而成，每个点都有三种颜色，每一电子枪对应一种颜色，当任一像元的三个亮度值变换为彩色编码，再转换为电子枪的电压控制信号时,此电压控制信号即为模拟量 A,当像元的三个亮度值是独立的,并分别转换为三基色电子枪的电压控制信号 A_R、A_G、A_B 时,便产生三基色合成的彩色显示效果。

3)数/数变换(D/D)

数/数变换就是数据值按照某种关系或规则转换为另一数值。这是图像处理中经常用到的处理方法,其运算过程是把每一像元作为一单独的运算单元看待,即所谓的点运算方式。假定图像坐标为 (x,y),其像元的亮度值为 $f(x,y)$,数/数转换后的值为 $g(x,y)$,两者的关系用以下形式表示:

$$g(x,y) = T[f(x,y)] \tag{1-1}$$

式中,T 为选定的某种变换关系,通常这种变换包含有函数式或编码。变换处理主要用来改变图像的原有数据形式以符合某种目的或与设备相匹配,例如,为使图像的显示更清晰,必须做符合人眼观察特性的数据变换,为了输出彩色图像,必须进行彩色编码的变换等。

(1)函数变换:按照一定的函数式来确定输入与输出数据间的对应关系。函数变换在图像处理中主要用于图像对比度的扩展,以改善其显示、判读效果。按函数的线性或非线性性质又可分为线性变换和非线性变换。线性变换的形式可表示为:

$$g(x,y) = a \cdot f(x,y) + b \tag{1-2}$$

式中　a,b——变换系数。

非线性变换有对数变换、指数变换、正弦变换、余弦变换等,例如对数变换形式为:

$$g(x,y) = T[f(x,y)] = \log[f(x,y) + a] \tag{1-3}$$

(2)编码变换:也是一种表示变换的形式。例如代表彩色空间某一坐标位置的数码——彩色编码,把像元亮度值变换为彩色编码后才可以控制显示设备或扫描设备产生彩色图像,这种彩色编码转换可以表示为以下形式:

$$\begin{aligned} g_1(x,y) &= T_R[f_1(x,y)] \\ g_2(x,y) &= T_G[f_2(x,y)] \\ g_3(x,y) &= T_B[f_3(x,y)] \end{aligned} \tag{1-4}$$

式中　T_R,T_G,T_B 分别表示红、绿、蓝的彩色编码变换。若把图像的亮度值用打印机打印输出,则需要把按二进制表示的像元亮度值转换为十进制数的编码。

4)数域变换

数域是指数所定义的变量空间。为了分析图像的特征及其表现形式,以便更好地修改、抑制或增强、补偿某些特征,要有不同的数域。在遥感图像处理中所定义的变量空间通常有:由图像像元的坐标(行、列)位置 (x,y) 定义的空间域;由图像的频谱变量 (u,y) 所定义的频率域;由图像的不同波段定义的图像的向量空间。例如在空间域内的图像处理,是对各个像元的亮度值直接进行运算,这种图像的加工、修改过程十分直观方便,常用来扩展图像的对比度及增强边缘特征;而频率域内的处理则更适合修改提取图像中具有周期性干扰的噪声或具有规则性空间分布的纹理等,因为某些目标或特征有着相对比较稳定的频谱,对这些目标或特征的提取、抑制,在频率域内处理可能更方便或者效果更好一些;在向量空间域内的图像处理是对每个像元的不同波段亮度值的各种组合、加权运算,提取出具有波谱特征的信息。因此,不同的变量域的处理各有其独特的作用,常常需要进行不同数域之间的变换,特别是空间域与频率域的变换(傅立叶变换和逆变换)是应用得最多的。

(1)频率域变换

由于图像是由像元组成的,是离散的数字集,若将空间域形式的图像变换为频率域的频谱,需应用离散的傅立叶分析方法进行变换,例如,我们通过数字磁带所得到的一定条件下某地区地物的亮度值,就不是以该地区为定义域的函数,而是在该地区选取若干像元点,形成二元离散化序列。

$$f(x_i, y_i) \quad (i = 0, 1, \cdots, n-1; j = 0, 1, \cdots, m-1)$$

每个数值 $f(x_i, y_i)$ 实际上是在一个子区间上的取样值。

对于离散变量,可进行离散傅立叶变换。为了简化,取 $\Delta x = x_i - x_{i-1} = 1$, $\Delta y = y_i - y_{i-1} = 1$。

对于一维离散变量 $f(x)$ $(x = 0, 1, \cdots, n-1)$,其离散傅立叶变换为:

$$F(u) = \frac{1}{N} \sum_{x=0}^{N-1} f(x) e^{-i2\pi ux/N} \quad (u = 0, 1, \cdots, N-1) \tag{1-5}$$

其逆变换为:

$$f(x) = \sum_{u=0}^{N-1} f(u) e^{-i2\pi ux/N} \quad (x = 0, 1, \cdots, N-1) \tag{1-6}$$

对于二维离散变量 (x, y) $(x = 0, 1, \cdots, N-1, y = 0, 1, \cdots, M-1)$,其傅立叶变换为:

$$F(u, v) = \frac{1}{MN} \sum_{x=0}^{N-1} \sum_{y=0}^{M-1} f(x, y) e^{-i2\pi(ux/N + vy/M)} \tag{1-7}$$

其中,$u = 0, 1, \cdots, N-1; v = 0, 1, \cdots, M-1$。

其逆变换为:

$$f(x, y) = \sum_{u=0}^{N-1} \sum_{v=0}^{M-1} F(u, v) e^{i2\pi(ux/N + vy/M)} \tag{1-8}$$

当 $M = N$ 时,往往将变换式和逆变换式写成对称形式,即:

$$F(u, v) = \frac{1}{N} \sum_{x=0}^{N-1} \sum_{y=0}^{M-1} f(x, y) e^{-i2\pi(ux+vy)/N} \quad (u, v = 0, 1, \cdots, N-1) \tag{1-9}$$

$$f(x, y) = \frac{1}{N} \sum_{u=0}^{N-1} \sum_{v=0}^{M-1} F(u, v) e^{i2\pi(ux+vy)/N} \quad (x, y = 0, 1, \cdots, N-1) \tag{1-10}$$

称 $|F(u, v)|$ 为 $f(x, y)$ 的振幅谱,设 $F(u, v) = |F(u, v)| e^{i\varphi(u,v)}$,则称 $\varphi(u, v)$ 为 $f(x, y)$ 的相位谱,并将 $f(x, y)$ 和 $F(u, v)$ 的关系记为:

$$F = F[f]$$
$$F = F^{-1}[f]$$

两个函数 $f(x, y)$、$g(x, y)$ 的空间域内的运算与其在频率域内的运算存在着如下关系:

$$f(x, y) * g(x, y) = \sum_{k=0}^{N-1} \sum_{l=0}^{N-1} f(k, l) g(x-k, y-l) = \sum_{k=0}^{N-1} \sum_{l=0}^{N-1} f(x-k, y-l) g(k, l)$$
$$(x, y = 0, 1, \cdots, N-1) \tag{1-11}$$

若 $F[f] = F, F[g] = G$,则:

$$F[f * g] = F \cdot G \tag{1-12}$$

$$F[f \cdot g] = F * G \tag{1-13}$$

式中 $*$ 为卷积运算符。

以上两式称为卷积定理,表示两函数在空间域内的卷积,其结果等于其傅立叶变换式的乘积,相应频率域内两函数的卷积等于其傅立叶逆变换式的乘积。卷积定理常用于图像的滤波处理,说明无论是在空间域内进行的滤波处理或在频率域内的处理,其效果应该是一致的,但由于处理中的某些简化或条件不同会出现一些差异。

（2）向量变换

遥感图像的像元、波段都可视为一种有序的标量,即像元、波段都是有序排列的。这种有序标量的集合可以定义为向量。例如 Landsat TM 的七个波段即表示七个分量,组成一个向量空间 X,图像中任何一个像元都在这一向量空间中占有一个特定的位置 X_i。

$$X_i = \begin{bmatrix} X_{1i} \\ X_{2i} \\ X_{3i} \\ X_{4i} \\ X_{5i} \\ X_{6i} \\ X_{7i} \end{bmatrix}, 或 X_i = (X_{1i}, X_{2i}, X_{3i}, X_{4i}, X_{5i}, X_{6i}, X_{7i})^T \tag{1-14}$$

式中　X_i 代表 ii 像元的波谱特征。

由于各个波段在反映地物的特性上存在相关性,需要做去相关处理并增强波段的差异,以突出某些目标特征,这时多应用向量变换技术。设像元的向量为 X,变换后的向量为 Y,则两向量的变换式为:

$$Y = A \cdot X \tag{1-15}$$

式中　A 为变换矩阵,或核函数:

$$A = \begin{bmatrix} a_{11} & a_{12} & \cdots & a_{1N} \\ a_{21} & a_{22} & \cdots & a_{2N} \\ \vdots & \vdots & & \vdots \\ a_{M1} & a_{M2} & \cdots & a_{MN} \end{bmatrix}$$

若直接对图像的像元 (x,y) 进行变换,其各波段的亮度值为 $f_i(x,y)$,变换后的输出分量为 $g_i(x,y)$,则变换矩阵 A 为 $M \times N$ 维矩阵:

$$[g(x,y)] = A \cdot [f(x,y)] \tag{1-16}$$

$$或 \quad \begin{bmatrix} g_1(x,y) \\ g_2(x,y) \\ \vdots \\ g_M(x,y) \end{bmatrix} = \begin{bmatrix} a_{11} & a_{12} & \cdots & a_{1N} \\ a_{21} & a_{22} & \cdots & a_{2N} \\ \vdots & \vdots & & \vdots \\ a_{M1} & a_{M2} & \cdots & a_{MN} \end{bmatrix} \cdot \begin{bmatrix} f_1(x,y) \\ f_2(x,y) \\ \vdots \\ f_N(x,y) \end{bmatrix}$$

根据处理的目的选择不同的核函数 A,并由 A 的定义来命名向量变换的名称,例如 A 为哈达玛变换核,则名为哈达玛变换。在图像处理中,A 常选用这几种核函数:哈达玛变换核、斜变换核、一维傅立叶变换核、$K\text{-}L$ 变换核等,由这些变换核再引出相应的变换。

5）数型变换

数字图像的数值在传输、变换或加工过程中,其数值类型会发生变化,使它们的存储方式、存储单元的长度（二进制字位数）、操作方式也按一定的规则和约定变化。常用的图像数字处理系统有四种（或更多）数型:

（1）字节型:数字的存取单元为 8 bit（8 位二进制字位）,即一个字节长度,这种数型常用于像元亮度值的处理和传输；

（2）整型：数据为不带小数的正或负的整数，通常存储单元长度占 16 ～ 32 bit，多用于数据编码或运算取整；

（3）实型：带有正号或负号及小数的数（近似值），存储单元的长度一般为 16 或 32 bit，出现在图像的算术及变换运算过程中；

（4）复数型：具有实数和虚数部分构成的算术数据，一般要求 64 或 96 bit 的存储单元字长，常用于傅立叶变换运算。

数型的选择影响到图像传输、处理的正确性和精度。例如图像为字节型，而如果使用了整型或实型，则图像的显示会出现错乱，使图像失去判读的意义。字节型的两图像相除时，将产生小数部分，若程序把小数部分舍去或取整，会使图像内部的对比度发生畸变。有些设备或程序、命令，会根据运算性质自动调整数型，使运算精度提高，但有时却需要用户自己合理地选择数型、命令或参数。

1.1.4 遥感数字图像数据的数据格式

在遥感图像的数字处理中，除了主要用到遥感的影像数据外，还要用到与遥感图像成像条件有关的其他数据，如遥感成像的光照条件、成像时间等。在遥感数据中除了影像信息外，还包含了其他各种附加信息。遥感 CCT 和 CD-ROM 主要是以下两种格式存储和提供给用户这些数据的。通用的遥感图像数据格式有 3 种，也是遥感数据的世界标准格式，即 BSQ（Band Sequential，按波段顺序式）、BIL（Band Interleaved by Line，按波段交叉式）和 BIP（Band Interleaved by Pixel，按像元波段交叉式）。

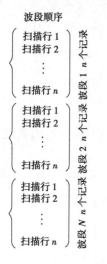

图 1-4　BSQ 格式的波段顺序

1）BSQ（Band Sequential—波段顺序）格式

BSQ 格式是按波段顺序记录遥感影像数据的格式，每个波段的图像数据文件单独形成一个影像文件，数据文件按其扫描时的顺序一行一个记录存放，先存放第一个波段，再存放第二个波段，直到所有波段存放完为止（图1-4）。

BSQ 格式的 CCT 包括四种文件类型：磁带目录文件、图像属性文件、影像数据文件和尾部文件。在一个 CCT 组合中，只有一个磁带目录文件，有几个波段就有几个图像属性文件、影像数据文件和尾部文件。如 Landsat MSS 有四个波段，所以 BSQ 格式的 MSS 应当包含 $1 + 4 \times 3 = 13$ 个数据文件。磁带目录文件说明了磁带内容、记录范围等信息。图像属性文件记录了航天器信息、成像时间、WRS（World Reference System）信息、描述卫星图像的模拟数据以及投影信息等。影像数据文件是遥感 CCT 的核心文件。尾部文件包含了图像数据进行增强处理时所需要的一些基础数据，如大气散射校正的基值等。

BSQ 格式是记录图像最常用的格式，单独提取波段也十分容易。

2）BIL（Band Interleaved By Line—波段交叉）格式

BIL 格式是按照波段顺序交叉排列的遥感数据格式。BIL 格式与 BSQ 格式相似，也是由四种类型的文件组成,但每一种类型只有一个文件。对于 Landsat MSS,有 4,5,6,7 四个波段,其影像数据文件的排列次序是:首先是 MSS4 的第一扫描线(记录 1),MSS5 的第一扫描线(记录 2),MSS6 的第一扫描线(记录 3),MSS7 的第一扫描线(记录 4),然后排第二扫描线,即 MSS4 的第二扫描线(记录 5),MSS5 的第二扫描线(记录 6),MSS6 的第二扫描线(记录 7),MSS7 的第二扫描线(记录 8),接下去是第三、第四扫描线,直到所有扫描线都排完为止(图 1-5)。所以 BIL 格式的遥感 CCT 中影像数据的记录数等于影像的波段数乘以每个波段的扫描行数。

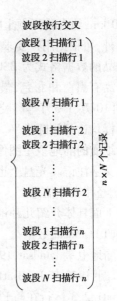

图 1-5　BIL 格式的波段顺序

3)BIP (Band Interleaved by Pixel,**按像元波段交叉式**)

　　BIL 格式即先按波段顺序记录一景数据的第一行,然后重新按波段顺序记录第二行,直到最后一行记录完毕。BIP 格式跟 BIL 的记录方式差不多,不过每次顺序记录的不是一行数据,而是一个像素。从记录方式可以看出它们各自不同的特点,BSQ 格式便于对图像进行空间(二维图像上的,针对一个波段的所有像元来说)运算,BIP 格式适合进行波谱(针对所有波段的每一个像元来说)运算,因为这些运算所要提取的数据都是连续记录在内存区内,而 BIP 运算恰好是上述两种格式的一个折中,既适合进行空间运算,又适合进行波谱运算。

1.1.5　遥感数据产品

　　这里主要介绍航空遥感数据和地球资源卫星数据。

1)**航空遥感数据**

　　遥感信息数据记录于数据文件、CCT、数据磁带、磁盘、光盘、相片、胶片等载体。各个国家数据中心生产的胶片、相片种类不同,我国航空遥感图像产品种类如表 1-1 所示。

表 1-1　航空遥感图像产品种类

图像尺寸/mm	比例尺	黑白胶片	黑白相片	彩色胶片	彩色相片
50	1:336.9 万	√	√	√	√
185	1:100 万	√	√	√	√
370	1:50 万		√		√
740	1:25 万			√	√
1 000	1:20 万			√	√
1 200	1:10 万			√	√
1 200	1:5 万				√

2)**地球资源卫星数据**

　　中国科学院遥感卫星地面站负责接收、处理、存档和分发地球资源卫星遥感资料,如 Landsat TM、SPOT、QuickBird、ERS、JERS 等。其产品总的地面覆盖面积以北京为中心,半径

2 400 km,约占我国领土的 80%。这些卫星数据产品种类有 CCT 磁带、胶片和照片。除标准产品外,可根据用户要求提供特殊产品,如彩色合成图像、镶嵌图像、增强图像、幻灯片等。磁带产品的数据格式为 BSQ 或 BIL,记录密度有 6 250 BPI(Bit Per Inch)和 1 600 BPI 两种。照片产品有黑白和彩色,最大宽幅为 120 cm。产品比例尺有 1∶100 万、1∶50 万、1∶25 万、1∶20 万、1∶10 万、1∶5 万等。胶片有黑白及彩色合成正片及负片,规格为 240 mm × 240 mm。产品质量指标均达到国际水平。

纸质的陆地卫星图像的下方有一行说明关于获取时间、太阳高度角、方位角、投影等的信息的文字注记。光盘上也有说明文件,一般为头文件,表明波段数、成像时间、行和列的数目、投影、经纬度等信息。

下面具体介绍几种地球资源卫星遥感数据:

(1)Landsat 数据

陆地卫星 Landsat,1972 年发射第一颗,已连续 31 年为人类提供陆地卫星图像,共发射了 7 颗。距 1972 年 Landsat1 发射以来,Landsat 作为地球资源卫星,一直在重复的获取地表影像。Landsat1,2,3 运行在轨道高度约 913 km 的近极地太阳同步轨道上,轨道周期约 103 min。Landsat4 和 Landsat5 运行在轨道高度约为 705 km 的近极地太阳同步轨道上,轨道周期约为 98 min。Landsat4 和 Landsat5 仍正常运行。而 1993 年发射的 Landsat6,由于未进入预定轨道,发射失败。美国的陆地卫星 7(Landsat7)于 1999 年 4 月 15 日发射升空后,由于其优越的数据质量,以及与以前的 Landsat 系列卫星保持了在数据上的延续性,现在已成为中国遥感卫星地面站的主要产品之一。Landsat 陆地卫星对同一地区观测的重复周期为 16 天,SPOT 为 26 天。SPOT 卫星能从不同轨道上观测同一地点获得立体图像。

陆地卫星 Landsat 产品主要有 MSS、TM、ETM,每景的覆盖面积为 185 km × 185 km。

MSS 是多光谱扫描仪,有 5 个波段。MSS 数据是一种多光谱段光学-机械扫描仪所获得的遥感数据,图像分辨率为 80 m。

TM 是主题绘图仪,有 7 个波段。TM 数据是第二代多光谱段光学-机械扫描仪,是在 MSS 基础上改进和发展而成的一种遥感器。TM 采取双向扫描,提高了扫描效率,缩短了停顿时间,并提高了检测器的接收灵敏度。TM 图像分辨率为 30 m。

ETM:增强主题绘图仪,8 个波段。ETM 数据是第三代推帚式扫描仪,是在 TM 基础上改进和发展而成的一种遥感器。

Landsat 卫星数据经系统处理后大地定位精度为 1 km,精处理后,大地定位精度不超过 1 个像元,图像内部几何误差不超过 1 个像元。

(2)SPOT 数据

1978 年起,以法国为主,联合比利时、瑞典等欧共体某些国家,设计、研制了一颗名为"地球观测实验系统"(SPOT)的卫星,如图 1-6,也叫做"地球观测实验卫星"。该系统已于 1986 年至 2002 年期间共发射了 5 颗卫星(SPOT1~SPOT5),其中除了 SPOT4 之外均在运行中。

SPOT 卫星具有中等高度(832 km)圆形近极地太阳同步轨道。其主要成像系统包括:高分辨率可见光扫描仪(HRV,HRG),VEGETATION,HRS。SPOT 卫星数据每景覆盖面积为 60 km × 60 km,图像分辨率为 10~20 m,有 4 个波段和一个全色波段。

HRV 是推帚式扫描仪,探测元件为 4 根平行的 CCD 线列,每根探测一个波段,每线含 3 000(HRV1~3)或 6 000(PAN 波段)个 CCD 元件。SPOT5 卫星上 HRG(高分辨率几何装置)

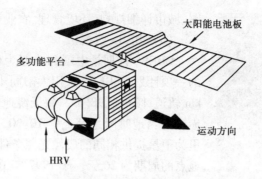

图 1-6　SPOT 卫星

与 HRV 基本相同。

HRS 是 SPOT5 特有的一个高分辨率立体成像装置,工作波段 0.48~0.71 μm。

(3)IKONOS 数据

美国空间成像公司(Space-Imaging)的 IKONOS-2 高分辨率卫星(图 1-7)于 1999 年 9 月 24 日由加州瓦登伯格空军基地发射升空。

图 1-7　IKONOS 卫星

IKONOS 数据具有太阳同步轨道,倾角为 98.1°。设计高度 681 km(赤道上),轨道周期为 98.3 min,下降角在上午 10:30,重复周期 1~3 天。携带一个全色 1 m 分辨率传感器和一个四波段 4 m 分辨率的多光谱传感器。传感器由三个 CCD 阵列构成三线阵推扫成像系统。因此在正常模式下,它可取得正视、后视和前视推扫成像。IKONOS 卫星内设有 GPS 天线,接收的信号被记录下来,经过处理可以提供每个图像的星历参数;传感器系统设计有三轴稳定装置和量测装置,以获得相应姿态数据。

(4)QuickBird 数据

QuickBird 卫星(图 1-8)是美国 DigitalGlobe 公司的高分辨率商业卫星,于 2001 年 10 月 18 日在美国发射成功。卫星轨道高度 450 km,倾角 98°,卫星重访周期 1~6 天(与纬度有关)。QuickBird 图像,目前是世界上分辨率最高的遥感数据,为 0.61 m,幅宽 16.5 km。可应用于制

图 1-8 QuickBird 卫星

图、城市详细规划、环境管理、农业评估。

（5）CBERS 数据

CBERS 计划是中国和巴西为研制遥感卫星合作进行的一项计划。CBERS 采用太阳同步极轨道。轨道高度 778 km 轨道,倾角是 98.5°。每天绕地球飞行 14 圈。卫星穿越赤道时当地时间总是上午 10:30,这样可以在不同的天数里为卫星提供相同的成像光照条件。卫星重访地球上相同地点的周期为 26 天。于 1997 年 10 月发射 CBERS-1;1999 年 10 月发射 CBERS-2。卫星设计寿命为 2 年。三台成像传感器为:广角成像仪(WFI)、高分辨率 CCD 相机(CCD)、红外多谱段扫描仪(IR-MSS)。它们分别以不同的地面分辨率覆盖观测区域:WFI 的分辨率可达 256 m,IR-MSS 可达 78 m 和 156 m,CCD 为 19.5m,如图 1-9。

图 1-9 CBERS 卫星

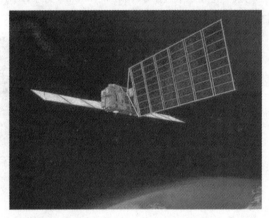

图 1-10 JERS-1 SAR 卫星

（6）JERS 数据

JERS 卫星是日本地球资源卫星,如图 1-10。它具有近圆形、近极地、太阳同步、中等高度轨道,是一颗将光学传感器和合成孔径雷达系统置于同一平台上的卫星,主要用途是观测地球陆域,进行地学研究等。JERS 卫星上共搭载有 3 台遥感器:可见光近红外辐射计(VNR)、短波红外辐射计(SWIR)、合成孔径雷达(SAR)。

合成孔径雷达(SAR)是一套多波束合成孔径雷达,工作频率为 5.3 GHz,属 C 频段,HH 极化。SAR 扫描左侧地面。它有 5 种工作模式,5 种模式的照射带分别为:500 km、300 km、200 km、300 km 与 500 km、800 km。地面分辨率分别为 28 m×25 m,28 m×25 m,9 m×10 m,30 m× 35 m 与 55 m×32 m,28 m×31 m。

（7）IRS 数据

IRS 数据来自印度遥感卫星 1 号。IRS 卫星具有太阳同步极地轨道。该卫星载有三种传感器:全色相机(PAN)、线性成像自扫描仪(LISS)、广域传感器(WIFS)。

PAN 数据运用 CCD 推扫描方式成像,地面分辨率高达 5.8 m,带宽 70 km,光谱范围 0.5 ~ 0.75 μm,具有立体成像能力,可在 5 天内重复拍摄同一地区。运用其资料可以建立详细的数字化制图数据和数字高程模型(DEM)。

LISS 数据在可见光和近红外谱段的地面分辨率为23.5 m,在短波红外谱段的分辨率为70 m,带宽141 km,有利于研究农作物含水成分和估算叶冠指数,并能在更小的面积上更精确地区分植被,也能提高专题数据的测绘精度。

WIFS 数据是双谱段相机成像数据,用于动态监测与自然资源管理。两个波谱段是可见光与近红外,地面分辨率为188.3 m,带宽810 km。它特别有利于自然资源监测和动态现象(洪水、干旱、森林火灾等)监测,也可用于农作物长势、种植分类、轮种、收割等方面的观察。

知识能力训练

1. 什么是遥感数字图像?
2. 简述遥感数字图像的特点。
3. 遥感图像数据有哪几种变换? 请分别叙述。

子情境2　遥感数字图像的获取

遥感数字图像可以是各种遥感器直接获得的遥感图像数据,包括用分离的探测器或扫描镜多波段成像的 Landsat MSS 或 TM, NOAA AVHRR 等数据,用线阵 CCD(Charge Coupled Device)多波段成像的 SPOT HRV 数据,用线阵或面阵 CCD 多波段成像的多种成像光谱仪数据等。数字图像也可以是各种遥感(甚至非遥感辅助信息)经数字化过程变换而成的数字图像。

1.2.1　遥感系统与遥感传感器

1)遥感系统

现代遥感技术组成了一个从地面到空间,从资料数据的收集处理到判读应用的体系,包括:

研究地物电磁波辐射的特性及信息的传输;

研究遥感信息探测手段,主要是研究传感器;

研究遥感信息的处理系统;

研究遥感信息的应用。

由于上述这些内容,遥感的过程实际上是非常复杂的,遥感的多学科交叉主要体现在以下几个方面:

(1)能源:电磁波辐射源(紫外线、可见光、短波红外线、热红外线、微波)。

(2)电磁波在大气中的传播:吸收和散射,能量衰减。

(3)到达地表的能量与地表物质相互作用:地物选择性地反射、发射、散射、投射、折射等,对不同波长产生不同的波谱响应。

(4)再次的大气传播:包含不同地表特征波谱响应的能量再衰减。

(5)遥感数据获取的技术:图像数据产品数据处理、分析与解译(数据专题信息)。

(6)多目标用户:如资源调查、环境监测、农业估产、生态保护等。图 1-11 表示了遥感数据采集过程。图 1-12 表示了遥感系统的组成。

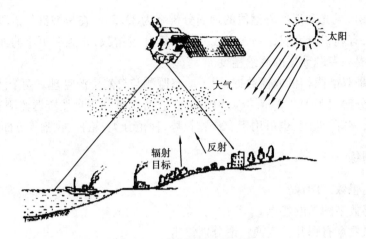

图 1-11　遥感数据采集过程

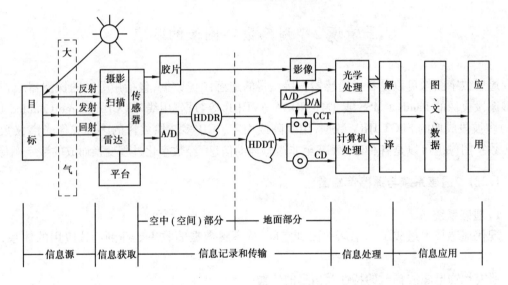

图 1-12　遥感系统的组成

2) 遥感传感器

在科技发展历史上,人们对于电磁辐射的认识过程,是与对电磁辐射检测技术的发展交织在一起的。最早人们认识的是电磁波谱中的可见光部分,并由它引发对电磁辐射本质规律的认识。最早的辐射敏感仪器是照相机,照相技术虽然古老,但它能力很强,随着技术不断进步,其实用价值至今不减。后来科学家发现了不可见的红外线,并一直寻求红外辐射的敏感技术。20 世纪 50 年代,半导体技术发展,利用半导体的光电效应制成固体辐射探测器件,才算完成了现代辐射探测方法的探索,建立了光电传感的基本技术。光电探测已经成为电磁波谱中较短波长辐射的基本敏感方法。在此基础上形成的扫描成像和凝视成像技术,把信息获取技术提高到新的水平。

与此同时,人类也发展了对无线电波的认识。1925 年首次采用雷达原理,用无线电测量电离层的高度,标志着人类利用电磁波传递信息的重大进展。20 世纪 30 年代,雷达正式用于军事侦察,并将雷达波扩展到微波频率。20 世纪 50 年代发展了成像雷达,同时出现了真实孔径侧视雷达。雷达全天候操作,穿透能力强,不仅在军事上而且在环境与资源遥感上均有重要用途。高分辨率成像雷达成为信息获取技术发展前沿。至今,合成孔径雷达已成为现代信息获取的基本技术之一。

遥感利用电磁辐射来获取信息,形式多种多样。遥感传感器是指收集和记录地物电磁辐射(反射或发射)能量信息的装置,是收集、量测和记录遥远目标的信息的仪器,是遥感技术系统的核心,如航空摄影机、多光谱扫描仪等。由于设计和获取数据的特点不同,传感器的种类也比较多,遥感传感器简称为遥感器,是遥感中"感"字的体现者,是遥感技术中最核心的组成部分,直接用于测量来自地物的电磁波特性。

(1)遥感传感器的一般结构

无论哪种类型遥感传感器,一般都由信息收集、探测系统、信息处理和信息输出四部分组成。如图 1-13 所示的结构组成:

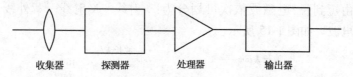

图 1-13　遥感传感器的一般结构

收集器:收集地物辐射来的能量。具体的元件如透镜组、反射镜组、天线等。

探测器:将收集的辐射能转变成化学能或电能。具体的元器件如感光胶片、光电管、光敏和热敏探测元件、共振腔谐振器等。

处理器:对收集的信号进行处理。如显影、定影、信号放大、变换、校正和编码等。具体的处理器类型有摄影处理装置和电子处理装置。

输出器:输出获取的数据。输出器类型有扫描晒像仪、阴极射线管、电视显像管、磁带记录仪、彩色喷墨仪,等等。

(2)按照不同的观点可以对遥感传感器进行不同的分类:

①按有无发射电磁波的能力分为主动式和被动式,图 1-14 表示的是不同的遥感辐射来源。

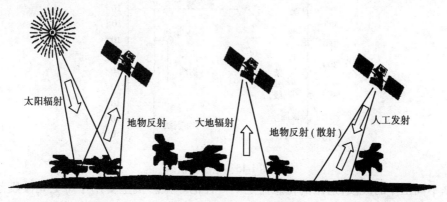

图 1-14　不同遥感辐射来源

②按是否成像分为成像遥感和非成像遥感。

成像遥感:产生二维图像。

非成像遥感:只取得飞行平台下目标物点或线的信息,一般用于进行波谱探测。

③按不同的成像技术来分类。

目前遥感中使用的传感器大体上可分为:摄影成像类型的传感器、扫描成像类型的传感器、雷达成像类型的传感器、非图像类型的传感器。

1.2.2　传感器与电磁波

电磁波是交互变化的电磁场在空间中的传播。描述电磁波特性的指标:波长、频率、振幅、位相等。

电磁波的特性是横波,传播速度为 3×10^8 m/s,不需要媒质也能传播,与物质发生作用时会有反射、吸收、透射、散射等,并遵循同一规律。

电磁波是能量的一种,凡是高于绝对零度的物体,都会释出电磁波。不同地物反射的电磁波不同,这是遥感影像能够被判读的基础。按电磁波波长的长短,依次排列制成的图表叫电磁波谱。按照波长由短到长,电磁波依次可划分为:γ 射线—X 射线—紫外线—可见光—红外线—微波—无线电波。如图 1-15 所示。

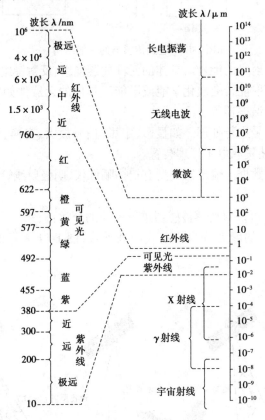

图 1-15　电磁波谱

根据不同工作的波段,适用的传感器是不一样的。摄影机主要用于可见光波段范围。红外扫描器、多谱段扫描器除了可见光波段外,还可记录近紫外、红外波段的信息。雷达则用于微波波段。这里我们分别介绍几种传感技术。

(1)摄影成像

摄影是通过成像设备获取物体影像的技术。传统摄影依靠光学镜头及放置在焦平面的感光胶片来记录物体影像。数字摄影则通过放置在焦平面的光敏元件,经过光/电转换,以数字信号来记录物体的影像。受胶片感光能力局限的影响,摄影成像的工作波段为 0.29 ~ 1.40 μm。不同的应用目的可以采用不同的胶片,可以是黑白或彩色的。

摄影成像用的是中心投影。摄影机按工作方式和记录方式不同又可分为分幅式摄影机、全景摄影机、多光谱摄影机、数码摄影机等。由于这种方式成像过程简单,而且获取成本较低,应用效率高,已经逐渐发展成为一门学科——摄影测量学。目前,数字摄影测量发展越来越迅速,很快会成为未来测绘最主要的手段。

（2）扫描成像

扫描成像是依靠探测元件和扫描镜对目标地物以瞬时视场为单位进行的逐点、逐行取样,以得到目标地物电磁辐射特性信息,形成一定谱段的图像。扫描成像的波谱探测范围比摄影机宽得多,包括紫外线、可见光、红外线和微波波段。按扫描方式不同有舷向扫描、环形扫描、航向扫描(类似于我们用扫帚扫地,所以又叫推扫式扫描)、侧视扫描等。扫描成像方式大致可分为以下三种:

第一,光学/机械扫描成像系统,主要由光学/机械扫描系统、检测系统(进行光/电转换)、信号处理系统(电子放大和电/光转换)和信号记录系统组成。依靠机械传动装置使镜头摆动,形成对目标地物的逐点逐行扫描。利用光学接收系统将一个场元(瞬时视场)发出来的辐射会聚在探测器的敏感面上。经过光/电转换,探测器输出代表该场元的电学信号。通过机械运动的方法使光机顺次地接收每个场元的辐射,结果探测器便输出整个场景的时序信号。它代表了场景辐射强度分布的图像数据。这种视频的图像数据,可以像电视信号在屏幕上显示,也可以去控制发光装置按原顺序在感光胶片上逐点曝光,制成图像。图 1-16 表示的就是光学/机械扫描成像原理。

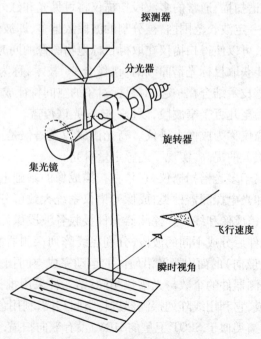

图 1-16   光学/机械扫描成像原理

第二,固体自扫描成像,提高扫描成像系统的性能,最现实的方法是增加探测器的个数,这样扫描机速度减慢,在每个敏感元上辐射积分时间增加,信噪比提高,因而地面分辨力也能提高。固体自扫描是用固定的探测元件,每个探测元件对应地面的一个瞬时像元,通过遥感平台的运动对目标地物进行扫描(航向扫描)的一种成像方式。目前常用的探测元件是电荷耦合器件CCD,电荷耦合的原理使得制成大型面阵或线阵探测器件成为可能。图1-17表示了固体自扫描成像的原理。

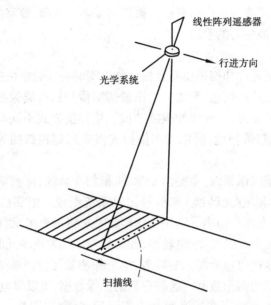

图1-17　固体自扫描成像的原理

第三,高光谱成像光谱扫描,通常的多波段扫描仪将可见光和红外波段分割成几个或十几个波段。对遥感而言,在一定波长范围内,被分割的波段数越多,即波谱取样点越多,越接近于地物连续波谱曲线,因此,可以使得扫描仪在取得目标地物图像的同时也能获取该地物的光谱组成。这种既能成像又能获取目标光谱曲线的"谱像合一"技术,称为成像光谱技术。成像光谱技术将成像技术与光谱技术结合在一起,对目标对象的空间特征成像的同时,对每个空间像元经过色散形成几十个乃至几百个窄波段,以进行连续光谱覆盖。

按该原理制成的扫描仪称为成像光谱仪。高光谱成像光谱仪是遥感进展中的新技术,其光谱分辨率比多光谱有很大的提高,实现了遥感定量研究。

成像光谱仪基本上属于多光谱扫描仪,它是在扫描成像的基础上加了一个色散装置。根据实施扫描成像的方式和光电探测器种类,成像光谱仪系统大致可分成两种。第一种是扫描方式,采用机械扫描反射镜成像和线列阵探测器元件接收各波段像元辐射。它利用点探测器收集光谱信息,经色散元件后分成不同的波段,分别在线阵列探测器的不同元件上,通过点扫描镜在垂直于轨道方向(舷向)的面内摆及沿航向的运动完成空间扫描成像,而利用线探测器完成光谱扫描,线阵中探测器件的个数与光谱数相同;第二种采用推扫式扫描方式,由面阵探测器加推扫式扫描仪构成,它利用线阵列探测器进行空间扫描,利用色散元件和面阵探测器完成光谱扫描,这种空间扫描类似于SPOT卫星的HRV,没有舷向扫描,只有航向的扫描,所以也是一种推扫式扫描。

(3)微波遥感成像

在电磁波谱中,波长1 mm～1 m的波段范围称为微波。微波遥感研究微波与地物相互作用机理,利用微波遥感器获取来自目标地物发射或反射的微波辐射,并进行处理分析与应用。微波遥感分为主动微波遥感与被动微波遥感。微波成像系统主要以成像雷达为代表,它属于主动微波遥感。

微波遥感主要具备以下几个特点:

①具有穿云透雾的能力;

②可以全天候工作;

③对地表面的穿透能力较强;

④具有某些独特的探测能力(海洋参数、土壤水分和地下测量)。

雷达,意思是无线电测距和定位。一个雷达系统是由发射机、接收机、发射天线、接收天线、处理器及显示器几部分组成。雷达系统的工作波段大都在微波范围内,航天遥感常用的有C波(3.8~7.5 cm)和L波(15~30 cm)。成像雷达有全景雷达和侧视雷达两大类,前者地面分辨率和几何精度低,用得少,我们主要介绍侧视雷达。侧视雷达按天线工作方式的不同可分为真实孔径和合成孔径的侧视雷达。基本的工作原理是:雷达发射器通过天线在很短的时间(微秒级)内发射一束能量很强的脉冲信号,当遇到地面物体时,反射回来的信号再被天线接收。由于系统与地物距离不同,同时发出的脉冲信号,接收的时间不同,因而在一条扫描线上成像的位置也不同。假设每一行中光点从左向右扫描,那么距离雷达较近的目标的回波较早返回到雷达天线,其对应的光点较早产生,因而处于扫描行中的较左侧位置。光点的亮度与其对应目标的回波信号强度有关。

1.2.3 遥感信息源的特征

遥感技术的发展、遥感采集手段的多样性、观测条件的可控性,确保了所获得的遥感数据的多源性,即多平台、多波段、多视场、多时相、多角度、多极化等。从这个意义上可以认为遥感数据是"多维的"。这种多维性可以通过不同的分辨率和特性来度量相描述。

1)空间分辨率

(1)空间分辨率(Spatial Resolution)

遥感器可以放置在太空站、轨道卫星、航天飞机、航空飞机、高塔、遥感车等不同的遥感平台上。这些不同平台的高度、运行速度、观察范围、图像分辨率、应用目的等均不相同,它们构成了一个对地球表面观测的立体观测系统。

分辨率可分为地面分辨率和图像分辨率。前者是针对地面而言,指可以识别的最小地面距离或最小目标物的大小。选择平台的主要依据是地面分辨率,又称空间分辨率。后者是针对遥感器或图像而言的,指图像上能够详细区分的最小单元的尺寸或大小,或指遥感器区分两个目标的最小角度或线性距离的度量。它们均反映对两个非常靠近的目标物的识别、区分能力,有时也称分辨力或解像力。一般可有三种表示法:

像元:指单个像元所对应的地面面积大小,单位为米(m)或公里(km)。如美国 QuikBird 商业卫星一个像元相当地面面积 0.61 m×0.61 m,其空间分辨率为 0.61 m;Landsat/TM 一个像元相当地面面积 28.5 m×28.5 m,简称空间分辨率 30 m;NOAA AVHRR 一个像元约相当地面面积 1 100 m×1 100 m,简称空间分辨率 1.1 km(或 1 km)。像元是扫描影像的基本单元,是成像过程中或用计算机处理时的基本采样点,由亮度值表示。

对于光电扫描成像系统,像元在扫描线方向的尺寸大小取决于系统几何光学特征的测定,而飞行方向的尺寸大小取决于探测器连续电信号的采样速率。

线对数(Line pairs):对于摄影系统而言,影像最小单元常通过 1 mm 间隔包含的线对数确定,单位为线对/mm。所谓线对是指一对同等大小的明暗条纹或规则间隔的明暗条对。

瞬时视场(IFOV):指遥感器内单个探测元件的受光角度或观测视野,单位为毫弧度(mrad)。IFOV 越小最小分辨单元(可分像素)越小,空间分辨率越高。IFOV 取决于遥感光学系统和探测器大小。一个瞬时视场内的信息,表示一个像元。然而,在任何一个给定的瞬时视场内,往往包含着不止一种地面覆盖类型。他所记录的是一种复合信号相应。因此一般图像包含的是"纯"像元和"混合"像元的集合体,这依赖于 IFOV 的大小和地面物体的空间复杂性。

(2)几何特征

每张遥感图像与所表示的地表景光特征之间有特定的几何关系。这种几何关系是由遥感仪器的设计、特定的观测条件、地形起伏和其他因素决定的。

地面目标是个复杂的多维模型。它有其一定的空间分布特征(位置、形状、大小、相互关系)。地面原型(一个无限的、连续的多维信息源),经遥感过程转为遥感信息(一个有限化、离散化二维平面记录)后,受大气传输效应和遥感器成像特征的影响,这些地面目标的空间特征被部分歪曲,发生变形。

其中垂直摄影的图像属于地面中心投影,像点的位移是从中心点向四周的发射状,且越往边缘变形越大;扫描所成的图像属多中心投影,由于扫描仪往返扫描,像点位移主要在与天底线垂直方向上变化,且越往扫描边缘变形越大。可见不同的遥感器的几何成像机理不同,几何畸变的性质也不同,与地面目标的几何形态关系也不同。在这里以多光谱扫描仪 MSS 为例加以说明。

图 1-18 显示了 MSS 几何畸变的主要原因及大小。从图中可见,这些几何畸变有的是由于卫星的姿态、轨道,地球的运动和形状等外部因素所引起的;有的是由于遥感器本身结构性能和扫描镜的不规则运动,检测器采样延迟、探测器的配置、波段间的配准失调等内部因素所引起的;也有的则由于纠正上述误差而进行一系列换算和模拟而产生的处理误差。这些误差有的是系统的,有的是随机的;有的是连续的,有的是非连续性的,十分复杂。尽管遥感图像的几何误差原因多种多样,并且不断变化,它们构成了遥感图像所固有的几何特性,但是它们大部分可以通过几何纠正来加以消除和减少。

畸变原因	几何畸变	畸变大小/m	畸变原因	几何畸变	畸变大小/m
滚动	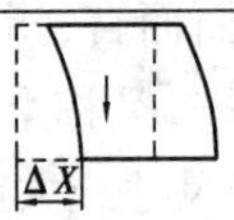	$\Delta X \leqslant 6\,400$	地球自转引起的歪斜	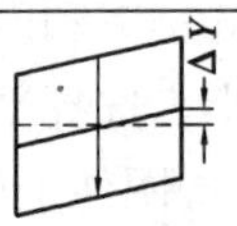	$\Delta Y \leqslant 6\,480$
俯仰	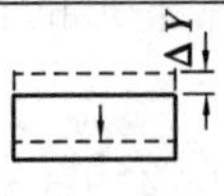	$\Delta Y \leqslant 6\,400$	扫描时间内的歪斜	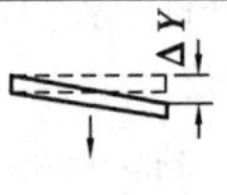	$\Delta Y \simeq 210$
航偏	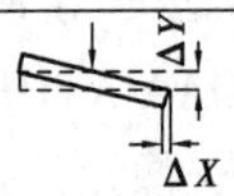	$\Delta Y \leqslant 960$ $\Delta X \leqslant 5$	扫描镜旋转速度	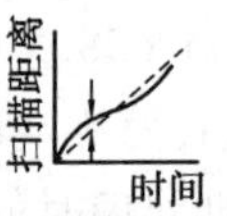	$\Delta X \simeq 400$

图 1-18　陆地卫星 MSS 图形几何畸变

2)光谱分辨率(Spectral Resolution)

光谱分辨率也叫波谱分辨率,是指传感器在接收目标辐射的波谱时能分辨的最小波长间隔,也即每个波段的探测器件所能探测到的光谱的宽度,宽度越窄,分辨率越高。

一般来说,传感器的波段数越多,波段宽度越窄,识别地物的能力就越强。成像光谱仪的光谱分辨率非常高,能得到地物近乎连续的光谱曲线,可以分辨出不同物体光谱特征的微小差异,有利于识别更多的目标,甚至有些矿物成分也可以被分辨。

遥感中各种传感器只能获取与其指定波谱范围相应的反射、辐射光谱能量,不在遥感器指定波谱范围的同一地面物质的反射、辐射电磁波能量则不能被这种遥感器所获得。常见的遥感器中,SPOT 是可见光遥感器,Landsat TM 是可见光红外遥感器,成像光谱仪是可见光红外遥感器,雷达是微波遥感器,等等。电磁波谱是连续的,或者说是波长的连续曲线,能够获取地面目标反射、辐射电磁波连续数据的遥感器不太现实,即使有,数据量也太大。所以一般以采样的方式设计遥感器,采样的间隔就是所谓的光谱分辨率。如 MSS 把 $0.5 \sim 1.1$ μm 采样成 $0.5 \sim 0.6$ μm,$0.6 \sim 0.7$ μm,$0.7 \sim 0.8$ μm,$0.8 \sim 1.1$ μm 4 个波段。也就是说地面物质的反射、辐射电磁波中 100 nm 范围内的变化被当作均值记录在 MSS 的数据带中。成像光谱仪的采样间隔为 $5 \sim 10$ nm 甚至更小,但它们仍是"采样"方式。当覆盖同一波谱范围时,波段宽度越宽,需要的波段数就越少,反映地面目标的尺度越大、越粗糙;波段宽度越窄,波段数就越多,那么反映地面目标光谱特性的尺度越小、越准确(逼真),也就是地面目标的光谱反射、辐射能量在这样的遥感信息中,波谱特征损失(变形)就越小。

比如,对于黑/白全色航空影像,照相机用一个综合的宽波段($0.4 \sim 0.7$ μm,波段间隔为 0.3 μm)记录下整个可见光红、绿、蓝的反射辐射。Landsat TM 有 7 个波段,能较好的区分同一物体或不同物体在 7 个不同波段的光谱响应特性的差异,其中以 TM3 为例,遥感器用一个较窄的波段($0.63 \sim 0.69$ μm,波段间隔为 0.06 μm)已录下红光区内的一个特定范围的反射辐射;而航空可见、红外成像光谱仪 AVIRIS,有 224 个波段($0.4 \sim 2.45$ μm,波段间隔近 10 nm),可以捕捉到各种物质特征波长的微小差异。可见,光谱分辨率越高,专题研究的针对性越强,对物体的识别精度越高,遥感应用分析的效果也就越好。但是,面对大量多波段信息以及它所提供的这些微小的差异,人们要直接地将它们与地物特征联系起来,综合解译是比较困难的,而多波段的数据分析,可以改善识别和提取信息特征的概率和精度。

分波段记录的遥感图像,可以构成一个多维的向量空间,空间的维数就是采用的波段数。例如,选用 3 个波段,构成一个三维特征空间。图像上的一个像元,在各波段均有一个光谱值。每个像元在各波段的图像数据(亮度值)构成一个多维向量,它们对应于多维空间上的一个点,用 X_{ij} 向量表示,如图 1-19。

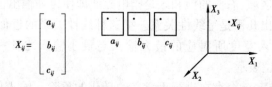

图 1-19　三维向量空间

3)时间分辨率(Temporal Resolution)

时间分辨率是关于遥感影像间隔时间的一项性能指标。遥感探测器按一定的时间周期重复采集数据,这种重复周期,又称回归周期。它是由飞行器的轨道高度、轨道倾角、运行周期、轨道间隔、偏移系数等参数所决定。这种重复观测的最小时间间隔称为时间分辨率。

根据遥感系统探测周期的长短可将时间分辨率划分为三种类型:

超短或短周期时间分辨率:主要指气象卫星系列(极轨和静止气象卫星),以"小时"为单位,可以用来反映一天以内的变比。如探测大气海洋物理现象、突发性灾害监测(地震、火山爆发、森林火灾等)、污染源监测等。

中周期时间分辨率:主要指对地观测的资源卫星系列,以"天"为单位,可以用来反映月、旬、年内的变化。如探测植物的季相节律,捕捉某地域农时历关键时刻的遥感数据,以获取一定的农学参数,进行作物估产与动态监测,农林牧等再生资源的调查,旱涝灾害监测、气候、大气、海洋动力学分析等。

长周期时间分辨率:主要指较长时间间隔的各类遥感信息,用以反映"年"为单位的变化,如湖泊消长、河道迁徙、海岸进退、城市扩展、灾情调查、资源变化等。至于数百年、上千年的自然环境历史变迁,则需要参照历史考古等信息研究遥感影像上留下的痕迹,寻找其周围环境因子的差异,以恢复当时的古地理环境。

4)辐射分辨率(Radiant Resolution)

(1)辐射分辨率

辐射分辨率指遥感器对光谱信号强弱的敏感程度、区分能力。即探测器的灵敏度——遥感器感测元件在接收光谱信号时能分辨的最小辐射度差,或指对两个不同辐射源的辐射量的分辨能力。一般用灰度的分级数来表示,即最暗与最亮灰度值(亮度值)间分级的数目——量化级数。它对于目标识别是一个很有意义的元素。例如 Landsat MSS,起初以 6 比特(取值范围 0~63)记录反射辐射值,经数据处理把其中 3 个波段扩展到 7 比特(取值范围 0~127);而 Landsat4、5 TM,7 个波段中的 6 个波段在 30 m×30 m 的空间分辨率内,其数据的记录以 8 比特(取值范围 0~255),显然 TM 比 MSS 的辐射分辨率提高,图像的可检测能力增强。

对于空间分辨率与辐射分辨率而言,有一点是需要说明的。一般瞬时视场 IFOV 越大,最小可分像素越大,空间分辨率越低;但是,IFOV 越大,光通量即瞬时获得的入射能量越大,辐射测量越敏感,对微弱能量差异的检测能力越强,则辐射分辨率越高。因此,空间分辨率越大,将伴之以辐射分辨率的降低。可见,高空间分辨率与高辐射分辨率难以两全,它们之间必须有个折中。

(2)辐射量特性

入射到遥感器的电磁波用探测元件变换为电信号后进行数字化,在这一变换处理中,输入和输出的关系表示为图 1-20 中的曲线。图中左侧的无信号区是探测元件的灵敏度对该部分电磁波很弱而无响应的区域,右侧的饱和区是指电磁波即使再强输出也无变化的区域,这两个区域所夹的区域输入输出几乎是呈线性关系。把这种线性关系的近似性称为线性化(linearity)。此外,该区域的输入宽度所对应的最大输入与最小输入之比称为动态范围(dynamic range),通常以 dB 为单位表示。

当输入信号包含噪声,就会存在进行无意义的量化的危险。输入信号中的有效信号 S 与噪声 N 之比称为信噪比 S/N(Signal to Noise Ratio),用下式表示:

$$S/N \text{ 比率} 20 \log_{10}(S/N)\ [\text{dB}]$$

有效量化的级数是动态范围和 S/N 比率所确定。

在量化数据中,对应一个通道一个像元的信息量用比特(bit)表示。1比特可以表示成0或1两个状态的信息量。如果设数据的量化级数为n,则其信息量用下式表示:

$$\log_2 n(\text{bit})$$

遥感中经常使用的是6比特、8比特或者10比特(表1-2)。可是在计算机处理中使用字节为单位,所以,通常用一个字节或两个字节的数据进行处理。图像数据的全部数据量用下式表示为:

行数×像元数×通道数×比特数/8(byte)

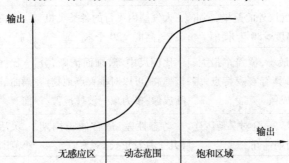

图1-20　输入输出特征曲线

表1-2　主要传感器的量化比特数

遥感器	卫　星	量化比特	摘　要
MSS	Landsat	6	校正后为8比特数据
TM	Landsat	8	
HRV(XS)	SPOT	8	
HRV(PA)	SPOT	6	
AVHRR	NOAA	10	发送时有10比特和16比特数据
SAR	JERS 1	3	实数部分3比特,虚数部分3比特

1.2.4　常用遥感传感平台及其特征

遥感平台(Remote Sensing Platform)是安放遥感仪器的装置,如气球、飞机、人造卫星、航天飞机以及高架车等。之前提到过,按遥感平台的高度分类大体上可分为航天遥感、航空遥感和近地遥感(见表1-3)。

1)航天遥感

航天遥感又称太空遥感(space remote sensing)泛指利用各种太空飞行器为平台的遥感技术系统,以地球人造卫星为主体,包括载人飞船、航天飞机和太空站,有时也把各种行星探测器包括在内。

航天遥感(图1-21)是利用装载在航天器上的遥感器收集地物目标辐射或反射的电磁波,以获取并判认大气、陆地或海洋环境信息的技术。各种地物因种类和环境条件不同,都有不同的电磁波辐射或反射特性。航天遥感能提供地物或地球环境的各种丰富资料,在国民经济和军事的许多方面获得广泛的应用,例如气象观测、资源考察、地图测绘和军事侦察等。航天遥感是一门综合性的科学技术,它包括研究各种地物的电磁波波谱特性,研制各种遥感器,研究遥感信息记录、传输、接收、处理方法以及分析、解译和应用技术。航天遥感的核心内容是遥感信息的获取、存储、传输和处理技术。

表1-3 航天遥感、航空遥感和近地遥感三者的对比表

遥感平台及高度	航天遥感	航空遥感	近地遥感
遥感平台及高度	位于大气层外的卫星、宇宙飞船等,高度>80千米	大气层内飞行的各类飞机、飞艇,高度<20千米	三角架、遥感塔、遥感车(船)建筑物的顶部等
成像特点	比例尺最小,覆盖率最大,概括性强,具有宏观特点;多为多波段成像	比例尺中等,画面清晰,分辨率高,可以对垂直点地物清晰成像;多为单一波段成像	比例尺最大,覆盖率最小,画面最清晰,多为单一波段成像
应用特点	动态性好,适合对某地区连续观察,周期性好	动态性差,适合做长周期(几个月及更长)观察	灵活机动,费用较低,适合小范围探测

装在航天器上的遥感器是航天遥感系统的核心,它可以是照相机、多谱段扫描仪、微波辐射计或合成孔径雷达。航天遥感感测面积大、范围广、速度快、效果好,可定期或连续监视一个地区,不受国界和地理条件限制;能取得其他手段难以获取的信息,对于军事、经济、科学等均有重要作用。航天遥感已用于军事领域,如侦察、预警、测地、气象等。如利用航天器上的遥感器获取侦察情报,是现代战略侦察的主要手段;通过卫星上的红外遥感器感测洲际或潜地弹道导弹喷出火焰中的红外辐射,以探测和跟踪导弹的发射和飞行,争取到比远程预警雷达系统长得多的预警时间等。

随着遥感技术的发展,航天遥感在军事和国民经济上必将得到更广泛的应用。

图1-21 航天遥感示意图

图1-22 航空遥感示意图

2)航空遥感

又称机载遥感。指在飞机的飞行高度上利用飞机携带遥感仪器的遥感,包括距地面高度

600～10 000米的低空、中空遥感和10 000～25 000米的高空、超高空遥感。现代的航空遥感技术已经由常规的航空摄影发展到综合运用多种探测手段,如紫外、红外摄影,多光谱扫描,热红外扫描,微波侧视雷达探测等。与航天遥感相比,航空遥感的主要优点是机动性强。可以根据研究主题选用适当的遥感器、选择适当的飞行高度和飞行区域。航空遥感泛指从飞机、飞艇、气球等空中平台对地观测的遥感技术系统,如图1-22。

3)近地遥感

近地遥感主要指以高塔、车、船为平台的遥感技术系统,地物波谱仪或传感器安装在这些地面平台上,可进行各种地物波谱测量。距地面高度在1 000米以下的遥感,如系留气球、航模飞机、飞艇(500～1 000米)、遥感铁塔(30～400米)、遥感长臂车(8～25米)等为遥感平台的遥感,主要用于对大气辐射校正和光谱特性测试,以辅助高空遥感器的波谱选择、辐射校正和为图像判读分析提供参考。遥感铁塔还可用于海面污染和森林火灾监测。另外,还有火箭和高空气球遥感,这些一般只作为辅助手段,以快速获取短暂的局部性的大气或地面信息。

知识能力训练

1. 简述何为传感器的空间分辨率、波谱分辨率、辐射分辨率和时间分辨率。

2. 下列说法不正确的是( )

　　A. 遥感感知事物时不直接接触

　　B. 遥感技术是遥感信息接收与应用的过程

　　C. 遥感获取的信息是电磁波信息

　　D. 遥感对地面不反射和辐射电磁波的物体无法感知

3. 地物的光谱特性是遥感图像的重要判读依据,下列说法正确的是( )

　　A. 不同地物对同一波段的电磁波反射率相同

　　B. 相同的地物在不同的波段的反射率相同

　　C. 作物生长的不同阶段,电磁波反射光谱不同

　　D. 相同类型土壤即使含水量不同,电磁波反射光谱也相同

4. 下列遥感类型中,探测范围由大到小依次是( )

　　A. 近地遥感、航空遥感、航天遥感

　　B. 航天遥感、航空遥感、近地遥感

　　C. 航空遥感、近地遥感、航天遥感

　　D. 航空遥感、航天遥感、近地遥感

子情境3　遥感数字图像处理

数字图像处理(Digital Image Processing)是利用计算机对图像信息进行处理的一门技术和方法。

20世纪20年代,图像处理首次得到应用。20世纪60年代中期,随电子计算机的发展得到普遍应用。60年代末,图像处理技术不断完善,逐渐成为一个新兴的学科。

利用数字图像处理主要是为了修改图形,改善图像质量,或是从图像中提起有效信息,还

有利用数字图像处理可以对图像进行体积压缩,便于传输和保存。数字图像处理主要研究以下内容:傅立叶变换、小波变换等各种图像变换;对图像进行编码和压缩;采用各种方法对图像进行复原和增强;对图像进行分割、描述和识别等。

遥感图像数字处理就是将遥感图像的模拟或数字形式的信息输入计算机中,利用某种遥感图像处理软件,按照一定的数学模型,进行变换、加工,产生可为专业人员判读的图像或资料。它分为遥感光学图像处理和遥感数字图像处理两大类。光学图像处理是依靠光学仪器或电子光学仪器,用光学方法进行处理。数字图像处理是用计算机对图像数据进行处理和分析的技术学科,应用范围也非常广泛,处理的技术方法也最为复杂多样。与光学图像处理相比,数字图像处理具有更简捷、快速、可重复处理等优点,并且可以完成一些光学处理方法无法完成的特殊处理。

目前遥感技术面临着两大问题:一是定性向定量方向发展;二是遥感资料的及时处理,以提高处理速度。图像数字处理快速、准确、客观,为遥感图像的信息提取及遥感的定量分析提供了基础,并为 GIS 及时更新和补充信息,提供了条件。它是 GIS 的重要数据源,扩展了 GIS 的应用范围。GIS 又是遥感图像处理系统的扩大和延伸,非遥感信息的输入可大大提高遥感数据的处理速度。因此,GIS 与快速遥感图像数字处理的结合,已是技术发展的必然。

1.3.1 遥感数字图像处理的过程

遥感是一种全新的地学评价手段,然而由于遥感技术本身的复杂性、综合性以及遥感技术随时空域变化的无规律性等方面的原因,遥感工作研究的进展与遥感技术应用领域的开拓相比还有很多问题急需解决。遥感图像的数字处理是地学遥感工作中的一个重要环节,虽然由于地学目的不同、工作区域不同、图像种类不同以及提取的专题信息不同等方面的原因,会造成图像处理在方法的选择上存在差异,然而遥感图像的数字处理作为一个整体过程,其工作方法必然有自己的特色并遵循一定的客观规律,本子情境主要分析遥感图像数字处理的流程、特点。

影响遥感图像处理方法的选择与方案的因素很复杂,下面介绍一个遥感数字图像处理的一般流程(图 1-23)。

1)图像选择

图像选择是根据专题的要求与特点选择适当的空间分辨率、适当的波谱分辨率和适当时相的遥感图像资料。图像选择需要考虑的因素主要有三个,即专题目的、专题图比例尺以及专题的地域环境。

根据专题目的选择图像应当遵循经济可行的原则。例如用遥感进行全球研究时,可以选择空间分辨率较低的气象卫星图像(如 NOAA),而选择 Landsat 图像不适宜。因为一方面利用 Landsat 图像成本要高得多;另一方面在解译全球要素时,一些小的细节应当略去。根据专题图比例尺选择图像就是选择与专题图比例尺相匹配的空间分辨率图像。例如小至 1:50 万的地质图就应当用 MSS 图像而不用 TM 图像,而大到 1:10 万或 1:5 万的专题,选择 Landsat TM 或 SPOT 图像更合适。

地域环境对数字图像选择的影响主要有两个方面:一方面某些地域没有所需的遥感资料而只能够用其他资料。如我国地面站接收不了新疆部分地区的 Landsat TM 图像,在这些地区只好用 Landsat MSS 图像或航空遥感图像;另一方面地域环境决定了某些地区接收不到质量

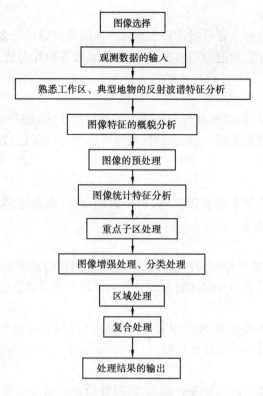

图 1-23　遥感数字图像处理的流程

有保证的某种遥感资料。如我国的云贵地区常年阴雨天气,很难获得质量可靠的时相适宜的 Landsat 图像资料,因此可以选择全天候的侧视雷达图像。

2) 观测数据的输入

采集的数据包括模拟数据和数字数据两种。为了把像片等模拟数据输入到处理系统中,必须用扫描仪或数字化仪进行模/数变换。对数字数据来说,因为数据大多记录在高密度磁带上,所以需要进行二次处理变换到计算机可读出的计算机兼容磁带 CCT,或光盘等载体。

3) 熟悉工作区、典型地物的反射波谱特征分析

主要是收集和测试工作区的典型地物的反射波谱资料和标准的反射波谱曲线作比较,分析异同,为下面的图像处理提供依据。

4) 图像特征的概貌分析

分析决定图像基本亮度的地物类型是什么,也就是图像的一级波谱信息是什么,一级波谱信息与专题信息之间的关系;分析图像中的人工活动标记,如铁路、道路等;分析图像中的噪声成分和分布特征及其对专题信息提取的影响;寻找与分析图像中的解译标志以及稳定性和可靠性。

5) 图像的预处理

遥感图像的预处理主要包括:遥感图像的辐射校正处理;对没有进行几何粗校正的图像进行几何粗校正处理;根据专题要求利用地面控制点 GCP (Ground Control Point) 对图像进行几何精校正处理;对于合成孔径雷达 SAR 的原始数据进行图像重建;跨两景或两景以上工作区的图像的镶嵌处理等。

6)图像统计特征分析

遥感图像统计特征分析主要是指计算多波段图像的直方图以及多波段图像各个波段之间统计特征的最大值、最小值、均值、方差、协方差、相关系数等统计参数,为图像处理方法的选择提供依据。

7)重点子区处理

当专题工作区较大时,遥感图像数字处理总是遵循从子区到面和从已知到未知这样的技术路线。选择一个解译标志清晰、较熟悉的区域进行处理方法研究,为其他区和面上处理积累经验。

8)图像增强处理

有目的的增强遥感图像中的有用信息,利于识别分析,例如比例拉伸、彩色增强、卷积处理、傅立叶变换、高斯滤波等。

9)分类处理

通过提取图像特征,进行分割、分类和描述,达到对图像信息进行识别、分类、解译和评价的目的。分类处理的结果多为专题图的形式。分类处理并非是必需的。

10)区域处理

区域处理是在重点子区处理、图像增强处理的基础上,选择一到几个本工作区有效的处理方法对整个工作区图像进行专题信息提取。

11)复合处理

一是对各种处理结果图像的复合处理,二是与其他遥感图像的复合处理或与非遥感资料的复合分析。

12)处理结果的输出

处理结果主要分为两种,一是作为模拟数据输出到显示屏幕上或胶片上,二是作为 GIS 等其他处理系统的输入数据而以数字数据输出。或者是地图、专题图、图表、报告等形式。

1.3.2　遥感数字图像处理的特点

遥感图像处理的目标是增强和提取所需的地学专题信息。地学专题信息的多样性和复杂性决定了遥感图像处理的特点;图像的质量(如图像的空间分辨率、图像的光谱分辨率、图像中噪声与干扰成分的水平、图像预处理程度与精度等)直接影响着图像处理方法的选择与方案的制定;同时处理方法与方案的选择还取决于增强与提取的图像目标信息的内容。

1)地学专题直接影响图像处理方案的选择

遥感技术在地学中的应用领域非常广泛,不同的应用专题在图像处理方法与方案设计方面存在着差异。如遥感用于资源勘探的主要目的是解决构造问题,其次才是岩性识别与蚀变带的问题。因此,在资源勘探中遥感图像处理的重点内容是图像中线性构造的识别与提取。在图像数字处理方法上以卷积、定向滤波、对比度扩展、彩色合成处理为主,很少需要对图像进行分类处理。在考虑图像处理方案时,也无须考虑几个时相的问题。再如城市发展动态监测中的遥感图像数字处理,图像数字处理的目的是了解城市范围、城市的土地利用现状以及环境污染与城市热岛问题,尤其重要的是它们随时间变化而改变的情况。在图像数字处理方法方面,图像的计算机分类处理是必不可少的,为了提高图像的分类精度,有时还需要对遥感图像中的纹理信息进行定量统计分析。图像的卷积和定向滤波等处理算法在此研究中更重要。在设计图像处理方案时,多时相的遥感图像是必要的。

从以上分析可以看出,不同地学专题对遥感图像数字处理方法与方案选择的影响主要体现在图像处理方法的组合与方案两个方面。

2)图像本身质量对图像处理的影响

遥感图像信息质量对于遥感图像的数字处理的影响至关重要,它关系着遥感图像处理方法的选择、方案的制定以及图像处理的精细程度等。一般说来,遥感地学评价有四个基本标准,即遥感图像的空间分辨率、辐射分辨率、波谱分辨率以及时间分辨率。此外对于遥感图像的质量而言,噪声水平及预处理程度也是两个重要的因素。用于评价遥感图像空间分辨率的标准主要是像元尺寸的大小。空间分辨率大小对于遥感图像数字处理的影响主要表现在图像处理速度和处理的精细程度两个方面。

(1)空间分辨率的影响

像元大小对图像处理速度的影响:对应于地面同样一个区域(如陆地卫星的一个景区),像元尺寸较大的图像数据量较少;像元尺寸较小即空间分辨率较大的图像数据量相对来说较大。当用同样的图像处理方法对它们进行处理时,显然空间分辨率较高的图像要花费更多的计算时间与人力。

像元大小对图像处理精细程度要求的影响:空间分辨率较高、像元尺寸较小的遥感数字图像,其地物的清晰程度及图像结构的精细程度都比空间分辨率较低、像元尺寸较大的数字图像要高。对于特定的地学应用专题,空间分辨率较高、像元尺寸较小的数字图像常常不需要经过特殊的处理就可以直接进行地学解译并形成专题图;空间分辨率较低、像元尺寸较大的数字图像,由于图像中结构信息模糊不清,常常要经过一些复杂的图像处理才能进行地学解译并形成专题图。即使是相同的地学专题,由于空间分辨率的不同,遥感图像的数字处理方法与复杂程度也存在很大的差别。

通过分析可见,数字图像空间分辨率的高低对图像处理的速度与复杂程度都有影响,应该根据所处理的问题有所取舍。例如当利用遥感图像进行全球构造运动研究时,主要着眼于全球构造格架的宏观控制,此类地学应用专题无须考虑图像的精细处理就能够满足专题解译的要求,因而选择空间分辨率较低、像元较大的气象卫星图像比选择陆地卫星图像更经济有效、更节省时间与财力。而当用陆地卫星图像进行 1∶20 万地质填图时,较好的方案则是选择 TM 图像资料,而应舍弃 MSS 与高精度的航空遥感方案,用 MSS 图像很不经济,用分辨率达 3 m 的航空遥感更是浪费且无必要。

(2)波谱分辨率的影响

图像波谱分辨率是指传感器所用的波段数目、波段波长以及波段的宽度。增强与提取遥感图像中的波谱特征信息是遥感图像数字处理最重要的内容之一,因此有必要分析一下图像波谱分辨率对图像数字处理模式选择的影响。在波谱分辨率三要素中,对图像数字处理方法与方案选择影响最大的是波段数目与波段宽度。

一般来说,波段分辨率高、波段数目多、波宽较窄的遥感图像,地学专题信息在波段图像中的定位精度也较高,且易于提取。图像数字处理的重点主要放在波段选择与波段压缩两个方面。对于成像光谱仪这样高达几百个波段的遥感图像,很显然图像数字处理最重要的内容之一就是如何从众多的波段中挑选出对专题研究有意义的波段,并设法降低波段的空间维数,使专题信息相对集中在少数几个分量图像上,从而减少计算机处理时间,提高遥感图像数字处理的效率,因此图像间的相关统计分析、彩色合成方案选择、主成分分析是这类遥感图像数字处理的常规内容。波段间的相关统计分析主要是解决专题信息在波段空间的大致定位,专题信息与哪些波段最相关;彩色合成则是在多维波段空间或是在由与专题信息相关波段组成的波段空间中选择最佳的专题信息彩色显示方案;主成分分析(也就是 K-L 变换)是利用线性变换方法将专题信息归并分类,以减少空间维数,使信息相对集中,提高图像的可解译性;高维彩色空间变换也能够达到压缩图像的维数并改善图像视觉效果的目的。

波段数目较少且波段宽度相对较大的遥感图像,其遥感图像数字处理主要是通过波谱变换与对比度调整等方法来增强提取图像中的专题信息,波段空间压缩与彩色方案选择相对来说并不重要。对于 MSS 这样波谱分辨率较低的遥感图像,专题信息的定位精度一般较低,专题信息的增强与提取主要依靠对比度扩展与波谱变换算法来实现。例如土壤中的绿度与湿度信息可以通过对 MSS 图像进行穗帽变换的波谱变换算法间接求得。

从以上分析可以看出,波谱分辨率对遥感图像数字处理模式的影响主要表现为不同波谱分辨率的遥感图像在数字处理方法选择与侧重方面的差别。

(3)时间分辨率的影响

时间分辨率是指同一地区遥感影像重复覆盖的频率。图像时间分辨率对图像数字处理的影响主要是与专题信息是否包含时间信息即动态信息有关,如果专题信息是动态信息,时间分辨率对图像数字处理方案的选择基本上类似于前面的波谱分辨率。如果专题信息对动态变化要求并不高时,对图像数字处理模式及方法选择产生影响的并非是时间分辨率,而是时相因素。时相有时会成为影响图像数字处理复杂程度的一个重要因素。例如冬季图像上的积雪是图像专题信息增强与提取的一个干扰因素,对于有积雪的冬季图像,除雪或抑制雪成为专题信息提取的最主要的预处理工作;再如我国南方的大部分地区植被覆盖良好,如何抑制植被信息而突出提取地质信息是这种时相的遥感图像的重要处理内容。

(4)噪声水平及预处理程度

遥感图像中的噪声大小对于遥感图像处理程序、方法、专题信息的提取都有很大的影响。噪声大的图像应该首先进行噪声抑制与平滑处理,高通滤波的数字处理方法可能会放大噪声。为了提高解译效果,在高通滤波处理的前后都应该进行噪声抑制处理,以突出专题信息。实际的遥感图像数字处理都是大数据量的 CPU 运算,运算速度是影响遥感地学评价工作成本的重要方面,噪声水平较低的图像不需要反复进行噪声抑制与平滑处理;相反有些情况下噪声严重地影响专题信息的提取,这时必须对图像进行噪声抑制处理后再进行专题信息提取。例如有大面积雪或云覆盖的遥感图像进行地质构造信息提取时,为了充分利用有限灰度级资源,应该首先对雪与云的灰度分布特征进行统计分析,然后对其进行压缩与抑制使有用的地学信息得到增强;再如,侧视雷达图像一般都有很大的孤立噪声,这些噪声对于雷达图像的显示质量与地学信息提取影响很大,在进行地学分析前,应当根据噪声的分布特征进行适当的抑制处理。

遥感图像产品的预处理程度也是影响遥感图像数字处理流程的一个因素,陆地卫星 CCT可以提供两种数据类型,即未进行几何校正处理的遥感数据和进行过几何校正及地图投影变换的遥感数据。在利用未进行几何校正处理的遥感数据进行专题研究时,图像数字处理的首要工作是根据卫星运行参数对图像的系统歪曲进行校正处理并进行投影变换,也就是所谓的几何粗校正处理。然后才能根据专题的要求确定是否需要进一步利用地面控制点对图像进行几何精校正处理。在利用经过几何粗校正处理和投影变换的遥感数据进行专题研究时,图像数字处理的工作是从几何精校正开始的。

3）目标信息内容

遥感图像中包含着三大信息内容，即图像中的波谱信息、图像的空间结构信息以及图像的时间信息。图像中的波谱信息也就是图像的灰度信息及灰度变化，反映了各种地物的反射波谱特征及其变化，是地物识别的重要依据，通常也是一种很重要的专题信息；图像中的结构信息不是灰度本身而是灰度在空间变化的模式与特征，结构信息应当包含着图像中的线、边缘以及纹理信息，线与边缘常常代表了地质体的边界与分界线及断裂构造，是很重要的地质信息，纹理则是岩石识别的重要辅助标志；图像中的时间信息应该理解为同一地区随时间变化而产生的图像的波谱信息及结构信息变化的总和，通常所指的时间信息仅仅是波谱信息的动态变化。

遥感在地学研究中已经得到了广泛的应用，例如地貌研究、岩石识别、断裂带研究、资源勘探、城市发展动态监测、灾害监测、城市规划与土地管理、环境研究等。不同的研究专题对于遥感信息内容的侧重点有所差异，遥感图像的处理算法也是根据实际需要而设计的，各种算法对于遥感图像中的信息内容提取有所侧重，不同信息提取应当用不同的处理算法进行。

（1）波谱信息的提取与增强

对图像中波谱信息进行增强与提取处理常用的算法包括：假彩色处理、伪彩色处理、彩色合成处理、彩色空间变换、K-T 变换、主成分分析、反差增强、直方图调整处理以及波谱变换等。

图像的平滑处理能够抑制数字图像中的噪声干扰，改善图像的显示效果，在一些情况下也能够起到突出有用波谱信息的目的；波段图像之间的差值处理主要用于强调同一地物在不同波段的反射波谱特征差异；差值图像常常用于图像上灰度较接近地物的区分与识别；波段图像之间的比值处理的原理和应用与波段图像的差值处理基本相同，但波段图像的比值处理比波段图像的差值处理用得多，常常用于增强与提取图像中特定的波谱信息及其变化特征。例如植被指数就是一个反映图像中植被变化的比值算法；含铁指数则是岩石与土壤中铁离子变化的反映。

（2）结构信息的提取与增强

图像中的线、边缘、纹理特征统称为结构信息。图像中的线与边缘特征增强与提取的常用算法包括：图像的尖锐化处理、图像二值化处理、定向滤波处理、卷积运算、线与边缘跟踪处理等。

反差增强与直方图调整等对比度扩展算法，由于扩展了图像的反差使得图像中的线与边缘特征得到增强；各种彩色处理由于人的生理视觉的影响也能够达到增强线与边缘的显示效果；主成分分析由于具有信息归并与去除相关的功能，因而主成分分析也能够用于增强与提取图像中的结构信息；对波段图像进行差值与比值处理，由于增强了波段图像之间的差异，有时也可以达到增强图像中的某些线与边缘特征的效果。

图像中的纹理信息提取有其独特的处理算法，一些反差扩展算法除了能够增强波谱信息与图像的边缘与线特征外，对于图像中纹理细节变化的显示也大有益处；主成分分析结果中的某些分量图像（常常是第一或第二分量图像）中的纹理结构特征往往要比原始波段图像清晰，因此主成分分析有时也可以用来增强图像中的纹理特征；大量的实践表明，各种彩色处理（如彩色合成处理）有时能够增强图像中的纹理变化特征，有时则可能弱化图像中的纹理信息（如伪彩色处理）。

（3）图像中的时间信息提取

增强和提取同一地区不同时相遥感图像的时间信息，最直接的方法是进行两个不同时相图像的比值与差值运算；不同时相图像的彩色合成处理或它们的差值图像的彩色合成处理也是一种时间信息增强处理方法；主成分分析算法在多时相图像处理中有信息归并与去除相关的作用。

从以上分析可以看出，有些图像处理算法是最常用的。无论专题目标信息是以波谱信息为主，空间结构信息为主，还是以时间信息为主，都可以采用这些算法。这些算法主要包括多波段图像的彩色合成处理、图像的主成分分析以及图像的对比度扩展等。

知识能力训练

简述遥感图像处理的过程。

子情境4　遥感数字图像处理系统

一个完整的遥感数字图像处理系统应包括硬件和软件两大部分。硬件是指进行遥感图像数字处理所必须具有的硬件设备。主体是计算机，并配有必需的输入、储存、显示、输出和操作等终端及外围设备。软件是指进行遥感数字图像处理时所编制的各种程序。一整套图像处理程序构成图像处理的软件系统，该系统运行于特定的操作系统之上。

1.4.1　硬件系统

1）输入设备

遥感数字图像处理系统常用的输入设备有磁带机、磁盘机（包括光盘）、扫描仪、数字化仪等，输入设备主要完成遥感数据输入计算机的功能。根据遥感数据类型的不同，输入设备也不相同。磁带机、磁盘机直接将存储在磁带、磁盘或光盘上的遥感数字图像输入计算机；扫描仪主要将光学遥感图像转换成数字遥感图像，然后输入计算机进行处理；数字化仪将线划地图转换成数字形式输入计算机进行处理。

2）输出设备

遥感图像处理系统常用的输出设备有磁带机、磁盘机（包括光盘）、彩色显示器、绘图仪和打印机等。磁带机、磁盘机将处理结果以数字形式存储在磁带、磁盘或光盘上。彩色显示器、绘图仪和打印机完成数字图像向光学图像的转换，处理结果以光学图像形式直观表现出来，同时显示器还作为人机交互的工具实现人对计算机遥感图像处理的控制。

3）存储设备

无论是直接由遥感器获取，还是由扫描设备将光学影像扫描而得，遥感数字图像总是按照一定的格式存储在一定的介质上，这些存储介质包括磁带、磁盘和光盘。

图1-24是计算机图像处理系统的简单框图。

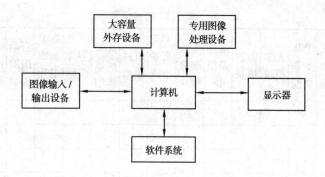

图 1-24　遥感数字图像处理系统的简单框图

1.4.2　软件系统

遥感图像处理的软件系统是建立在一定操作系统之上的应用软件。现在大部分遥感图像处理软件位于操作系统之上，与硬件独立，只要是运行于某个操作系统上的，就不必考虑这种操作系统是安装在哪种类型的硬件上。当前遥感图像处理软件主要运行于 Windows 系列操作系统上，比较大型的遥感图像处理软件有 IDRISI、ERDAS、ENVI、PCI、TITAN Image 等。各种遥感图像处理软件的功能有差别，但都包含一些基本的、常用的功能。我们会在后面详细介绍 ERDAS 软件的功能。

1）IDRISI

IDRISI 是美国克拉克大学地理学研究生院克拉克制图技术与地学分析实验室所属的系统开发实验室主持研制的，以网格为基础的地理信息系统。IDRISI 是具备遥感图像数字处理和地理信息系统功能的综合性地理信息系统与图像处理系统，系统的设计目标是为地理研究人员提供完整的地学分析、遥感图像处理、空间数据管理和统计分析方面的专业水平的分析功能，它已被成功地应用于自然资源管理、环境动态监测和影响评价、区域和城市规划以及生态学研究的众多领域。

2）PCI

PCI 是加拿大 PCI 公司的产品，可进行遥感图像的处理，也可用于地球物理数据图像、医学图像、雷达数据图像、光学图像的处理，并能够进行分析、制图等工作的软件系统。它的应用领域包括石油天然气勘探、矿产资源勘探、农、林、土地资源调查评估与管理、自然灾害动态监测、城市规划、沙漠治理、工程建设、气象预报、光谱分析、雷达数据分析等非常广泛的领域。

（1）专业遥感图像处理。PCI 软件中，遥感数据可分为四类：第一类为常规光学遥感数据，如航片及 TM、SPOT、IRS 等，这类数据可使用经典的图像处理技术；第二类为特殊光学遥感数据，有美国气象卫星 AVHRR 和高光谱数据的专门处理模块；第三类为常规 SAR 数据，即单波段、单极化到多波段、多极化的 SAR 数据；第四类为新概念 SAR 数据，即全极化和干涉 SAR 数据，有专门的处理模块。

（2）遥感数据的校正。专业模块有调制传输函数（MTF）图像复原、大气校正和航片、卫片的正射校正模块。

表 1-4 是 PCI9.17 的特征和功能。

表 1-4　PCI9.17 的特征和功能

功能／特征	PCI基础功能	PCI专业功能	光学模块	雷达模块	高光谱模块	专业融合模块	PCI高效生产工具	航片模型	RPC函数模型	卫片模型	高分辨率卫片模型	自动DEM提取	RADAR DEM提取	三维分析	PCI二次开发包	Web Server
GDB 通用数据库	√	√														
元数据支持	√	√														
影像增强	√	√														
重投影	√	√														
影像裁剪	√	√														
影像拼接	√	√														
可视化操作	√	√														
非监督分类	√	√														
监督分类	√	√														
分类分析	√	√														
地理校正	√	√														
影像滤波	√	√														
专业空间分析		√														
高级制图模块		√														
EASI 语言开发环境		√														
可视化流程		√														
三维飞行		√														
二维大气校正			√													
三维大气校正			√													
高级分类			√													
机载雷达分析				√												
极化雷达分析				√												
SAR 斑点滤波器				√												
SAR 雷达分析器				√												
Thumbnail					√											
三维立体浏览器					√											
端元选择					√											
光谱角匹配					√											
感兴趣(AOI)操作					√											

功能＼特征	PCI基础功能	PCI专业功能	光学模块	雷达模块	高光谱模块	专业融合模块	PCI高效生产工具	航片模型	RPC函数模型	卫片模型	高分辨率卫片模型	自动DEM提取	RADAR DEM提取	三维分析	PCI二次开发包	Web Server
光谱分割					√											
光谱图					√											
Vector Quantization 影像压缩算法					√											
自动影像融合						√										
自动控制点采集							√									
自动同名点采集							√									
自动镶嵌							√									
自动色彩均衡							√									
航片正射校正								√	√							
卫片正射校正									√	√						
高分辨率卫片正射校正											√					
自动化 DEM 提取												√				
雷达卫片 DEM 提取													√			
立体影像显示														√		
三维特征提取														√		
算法开发包(C/C++和FORTRAN)															√	
用户定制工具(EASI,VB,JAVA)															√	
Web 网络分布																√
LUT 编辑	√	√														
DEM 编辑	√	√														
矢量编辑	√	√														
转换工具	√	√														
属性编辑	√	√														
属性查询	√	√														
手工镶嵌	√	√														
手工色彩调整	√	√														
算法库	√	√														
绘图输出	√	√														

（3）雷达数据处理。提供了 SAR 图像几何校正，另外提供了丰富的滤波、纹理分析、辐射校正与定标、变化检测和图像质量评价工具。可以用 Radarsat 的立体像对提取 DEM，全极化数据充分地利用了电磁波的极化（偏振），每种地物都有其特定的极化响应特征，利用全极化数据可以解决很多的定量遥感问题，如提取生物量、土壤水分、表面粗糙度、冰雪厚度等。干涉 SAR 数据是利用了电磁波的相位信息，其主要用途有两个，一是可以高精度地提取 DEM，另一个用途是可以以厘米精度检测地表变化，这两个特点决定了干涉 SAR 数据的无比广阔的应用潜力。

（4）全系列数字摄影测量。可以进行航空相片的全数字摄影测量及利用航片立体像对提取 DEM；对 SPOT、TM 和 IRS 图像的正射校正及利用 SPOT、IRS 立体像对提取 DEM、Radarsat、ERS 和 JERS 图像的正射校正及利用 Radarsat 立体像对提取 DEM。

（5）独特的 GIS 功能。它有栅格、矢量与属性数据的一体化管理功能和强大的查询、分析功能。如查询、使用动态数据交换的查询结果生成统计图表，完整的叠置分析、缓冲区分析和网络分析功能，最强的离散点数据分析功能，另外还有 TIN 和地形分析功能等。

（6）强大的制图功能，灵活的三维可视化软件，最新的算法与技术的采用。如神经网络分类模块中的小波变换、模糊逻辑分类器、基于频率的上下文分类器、多层感知器神经网络分类器等。还可进行不同来源光谱信息与空间信息的融合，并且融合时能保持各波段光谱信息的独立性。还有可视化二次开发环境，其二次开发语言是 EASI 语言，该语言在语法上与 C 和 FORTRAN 等结构化程序设计语言类似。

3）ENVI

遥感影像处理软件 ENVI 是美国 RSI 公司（www.rsinc.com）的产品，ENVI 包含齐全的遥感影像处理功能，包括数据输入/输出、常规影像处理、几何校正、大气校正及定标、全色数据分析、多光谱数据分析、高光谱数据分析、雷达数据分析、地形地貌分析、矢量分析、神经网络分析、区域分析、GPS 联接、正射影像图生成、三维景观生成、制图等；这些功能连同功能强大的 IDL 交互式底层开发语言，组成了非常全面的图像处理系统。

ENVI 完整的图像处理工具包括了先进的多光谱数据分析、高光谱数据分析工具，除了常用的 Isodata 及 K-mean、平行六面体、最小距离、最大似然和马氏距离等算法外，ENVI 还具有许多先进的波谱分析功能，如混合像元分类、匹配滤波、线性波谱分离、波谱特征匹配、决策树分类和神经网络分类等。几何校正工具，包括影像的正射校正、地理信息查询表、针对不同传感器的特定几何校正方式，多种灵活的校正方式和参数选择。还具有地形分析、雷达分析、栅格和矢量数据的 GIS 分析等功能。ENVI 可以读取 TM、SPOT-5、IKONOS、QuickBird、MODIS 和 ASTER 等多种传感器的数据格式，并支持通用的 DEM 格式和矢量数据格式，同时拥有通用的二进制文件读取器。多源信息融合功能，除广泛使用的 IHS 色度空间变换、Brovey 融合和主成分变换融合方法外，ENVI 还采用了 Gram-Schmidt 融合算法。可以最大限度地保存多光谱影像的波谱特性，融合后的影像同样具有波谱分析价值。

美国 RSI 公司的用户已达二十万之多，遍布世界八十多个国家和地区。其新功能是支持更多的传感器数据格式，如 Landsat、SPOT-5、IKONOS、QuickBird、Orbview-3、IRS、AVHRR、Sea-WIPS、EOS 的 ASTER、MODIS 和 MISR 数据、EROS、ENVISAT 的 ASAR、MERIS 和 AATSR 数据、热红外数据、雷达数据，DEM、USGS 数据。支持更多的大气校正算法，可对 ASTER 辐射、AVHRR、Landsat TM 和 MSS、QuickBird 辐射进行校正。针对各种多光谱/高光谱影像，如

SPOT、AVHRR、ASTER、MODIS、MERIS、AATSR、IRS 数据有采用 MODTRAN 辐射传输模型的大气辐射校正模块,有热红外影像的大气校正模块。支持更多数据类型的几何校正,如正射校正和对 SPOT、SeaWIFS、AVHRR、ENVISAT、MODIS 数据的校正等。

4)TITAN Image

TITAN Image 遥感图像处理软件是国家 863 计划"信息获取与处理技术"主题中"遥感数据处理商用软件"重点项目的研制成果,该项目由北京东方泰坦科技有限公司主持,中国林业科学研究院资源信息研究所、中国国土资源航空物探遥感中心、中国科学院计算技术研究所、中国科学院遥感信息科学开放研究卖验室、南京大学参加的联合体共同研制完成的。它是基于北京东方泰坦科技有限公司的 TITAN 地理信息系统和遥感图像处理系统,采用软件工程化的组织方式,应用 VC + + 语言开发的。是在对遥感应用客户进行充分调研基础上,认真分析了国外优秀遥感图像处理软件的优缺点,继承了 TITAN 软件的稳定性、安全性,采用最新的实用算法研制开发的专业遥感图像处理系统。.

TITAN Image 软件具有以下特点:

①全中文标准 Windows 风格的用户操作环境,界面美观,功能明确,使用方便。

②提供丰富、稳定、专业的遥感图像处理算法,90%的算法能够支持整景数据的处理。

③提供系统内部 TMG 数据格式采用了独创的海量影像段页式动态存取技术,支持大数据量遥感影像的快速调入显示、无级缩放、漫游,同时与 TITAN 影像库实现高效协同工作。

④能够直接操作 PCIPix、TIF、Geotiff、BMP、JPEG、RAW 主流遥感影像数据格式,支持 TITAN GIS、ArcView SHP、MapInfo MIF、DXF 几十种数据格式,无须转换就可以快速读入显示大数据量的影像,并能确保放大缩小后对数据真实显示。

⑤基于 Oracle 数据库的影像库管理,采用了独创的海量影像数据动态分块处理技术,实现海量影像的平稳、高效处理。

⑥强大的 GIS 功能,支持对矢量库、影像库、影像文件、各种 GIS 专题数据的叠加显示及地图整饰工作。

⑦提供高质量、专业化的影像图制作,提供功能强大的、灵活的 API 开发函数库,支持 Microsoft Visual C + +、Borland C/C + +、C + + Builder 等开发环境的二次开发,方便用户搭建专业应用系统。提供雷达、高光谱、高分辨率等高级专业模块,满足不同用户的要求。具有较高的性能价格比。

5)ERDAS IMAGINE

ERDAS IMAGINE 是美国 ERDAS 公司开发的专业遥感图像处理系统,它以其先进的图像处理技术,友好、灵活的用户界面和操作方式,面向广阔应用领域的产品模块,服务于不同层次用户的模型开发工具以及高速的 RS/GIS 集成功能,为遥感及相关领域的用户提供了内容丰富且功能强大的图像处理工具,代表了遥感图像处理系统未来的发展趋势。目前 ERDAS 公司已经发展成为世界上占最大市场份额的专业遥感图像处理软件公司,全球用户达 1 000 多个国家。

ERDAS IMAGINE 是一种视窗形式的处理系统,它的图标面板(如图 1-25 所示)包括菜单条和工具条,其中包括了系统的全部菜单和功能。

(1)ERDAS 系统的面板菜单条

ERDAS 菜单条中包含五项下拉菜单,每个菜单由若干命令组成。菜单条的主要功能见表

图 1-25　ERDAS 图标面板

1-5 所示。在进行图像处理过程中,可根据实际需要使用各菜单中的命令帮助完成图像处理任务。

表 1-5　ERDAS 面板菜单

菜　　单	功　　能
Session(帮助菜单)	完成系统设置、面板布局、日志管理、启动工具命令、批处理过程、实用功能、联机帮助等
Main(主菜单)	启动图标面板工具条中的所有功能模块
Tools(工具菜单)	完成文本编辑、矢量和栅格数据属性编辑、图形图像文件坐标变换、注记及字体管理、三维动画制作
Utilities(实用菜单)	完成多种栅格数据格式的设置与转换、图像比较
Help(帮助菜单)	启动关于图标面板的联机帮助、联机文档查看、动态链接库浏览等

(2)ERDAS 系统的面板工具条

图标面板工具条有如下主要功能模块:视窗、数据输入输出、数据预处理、地图设计、图像解译、图像目录、分类、空间建模、矢量模块、雷达影像处理模块、虚拟 GIS 模块。各个模块的功能如表 1-6 所示。

表 1-6　ERDAS 图标面板工具条的功能

图　标	命　令	功　　能
	IMAGINE Credit	查阅 ERDAS 信用卡
	Start IMAGINE Viewer	显示 IMAGINE 图像窗口
	Import/Export	启动输入输出模块,可输入输出多种格式的栅格或矢量数据
	Data Preparation	启动数据预处理模块,可进行影像镶嵌、几何校正、影像裁剪、产生三维地形等
	Map Composer	启动专题制图模块,提供专业制图与输出工具
	Imagine Interpreter	启动图像解译模块,提供影像增强和操作的工具,包括空间增强、辐射增强、波谱增强,傅立叶分析、地形分析和 GIS 分析等
	Imagine Catalog	启动图像库管理模块,管理影像信息的数据库

续表

图 标	命 令	功 能
	Imagine Classification	启动图像分类模块,主要进行监督分类与非监督分类及精度评价
	Spatial Modeler	启动空间建模模块,提供空间建模工具,包括空间模型语言、模型生成器和空间模型库
	Vector	启动矢量功能模块,提供了矢量和栅格处理的综合 GIS 软件包
	Radar	启动雷达影像处理模块,提供对雷达影像的处理工具
	Virtual GIS	启动虚拟 GIS 模块,提供遥感数据库的三维可视化工具
	OrthorBASE	启动正射影像校正模块,提供对航片、卫片、数字相机等图像的正射校正工具

本书的后续内容中,将以利用常规遥感图像制作遥感专题图为根本任务,主要对处理过程中需要用到的视窗模块、输入输出模块、数据预处理模块、专题制图模块、图像解译模块、分类模块的使用进行了讲述。

1.4.3　遥感图像处理发展现状及趋势

随着遥感技术的发展,获取地球环境信息的手段越来越多,信息越来越丰富。因此,为了充分利用这些信息,建立全面收集、整理、检索以及科学管理这些信息的空间数据库和管理系统,加快进行遥感信息机理研究,研制定量分析模型及实用的地学模型,进行多种信息源的信息复合及环境信息的综合分析等,构成了当前遥感发展的前沿研究课题。这些问题的解决和研究进展的程度,将关系到遥感技术与应用从实验阶段向生产商品化阶段转化的进程,构成了今后遥感发展的主要趋向。当前遥感发展的特点主要表现以下几个方面:

1) 新一代传感器的研制,以获得分辨率更高、质量更好的遥感图像和数据

随着遥感应用的广泛和深入,对遥感图像和数据的质量提出了更高的要求,其空间分辨率、光谱分辨率及时相分辨率的指标均有待进一步地提高。当前,多波段扫描仪已从机械扫描,发展到电荷耦合器件(CCD)的推帚式扫描,空间分辨率从 80 米增高到 20 米,个别可达 10 米;还有的能获取三维空间的数据(SPOT 卫星)。另外,成像光谱仪的问世及实际应用,不但提高了光谱分辨率(波段增多,波宽变窄),而且为研究信息形成机制和定量分析提供了基础。

当前,星载主动式(微波)遥感的发展,引起了人们的注意,如成像雷达、激光雷达等的发展,使探测手段更趋多样化。获取多种信息,适应遥感不同应用需要,是传感器研制方面的又一动向和进展。

总之,不断提高传感器的功能和性能指标,开拓新的工作波段,研制新型传感器,提高获取信息的精度和质量,将是今后遥感发展的一个长期任务和发展方向。

2) 遥感应用不断深化

在遥感应用的深度和广度不断扩展的情况下,微波遥感应用领域的开拓,遥感应用成套技术的发展,以及地球系统的全球综合研究等成为当前遥感发展的又一动向。具体表现为,从单一信息源(或单一传感器)的信息(或数据)分析向多种信息源的信息(包括非遥感信息)复合及综合分析应用发展;从静态分析研究向多时相的动态研究,以及预测预报方向发展;从定性判读、制图向定量分析发展;从对地球局部地区及其各组成部分的专题研究向地球系统的全球综合研究方向发展。

因此,在社会日益对遥感应用提出更高要求的现实情况下,为了充分利用遥感及非遥感手段获得的丰富地理信息,从而促成和推动了地理信息系统(GIS)的发展以及推动了遥感与地理信息系统的结合。

3)地理信息系统的发展与支持是遥感发展的又一进展和动向

地理信息系统(GIS)是 20 世纪 60 年代初发展起来的一种新技术,它是以地理分析和应用为目标,在计算机软、硬件支持下,进行地理空间信息(或数据)的输入存储、查询检索、分析处理及输出显示的技术系统,地理信息系统(GIS)是一种管理和分析空间数据的有效工具。因此,由遥感手段获取的丰富信息资源有赖于地理信息系统(GIS)加以科学地管理,遥感的应用亦有赖于信息系统提供多种信息源(非遥感信息)进行信息复合及其综合分析,以提高遥感识别分类的精度,遥感的定量分析更需信息系统提供应用模型,以及专家系统的支持等。

因此,可以说,地理信息系统是遥感的进一步发展和延伸,成为遥感从实验阶段向生产型商品化阶段转化历程中的又一新进展,成为当前遥感发展的又一个新动向。

知识能力训练

1. 简述遥感数字图像处理系统的基本组成与功能。
2. 简述遥感图像处理发展现状及趋势。

学习情境 **2**

遥感图像基础数据产品生产

主要教学内容

遥感数字图像的输入输出和格式转换的相关知识和方法,遥感数字图像的辐射校正理论与方法,遥感数字图像几何校正理论与方法。

知识目标

能正确陈述遥感数字图像的常见格式,能正确陈述遥感数字图像的辐射校正基本理论,能正确陈述遥感数字图像的几何校正基本理论,能正确陈述遥感数字图像镶嵌和裁剪的基本知识。

技能目标

能使用 ERDAS IMAGINE 软件正确进行遥感数字图像的输入输出处理操作,辐射校正处理和几何校正处理,遥感图像的镶嵌和裁剪处理。

遥感图像的应用范围非常广泛,在遥感图像的应用之前,往往需要对遥感图像进行一些必要的预处理,如不同格式的遥感数据的输入输出处理、多波段彩色合成处理、遥感图像的辐射校正处理、几何校正处理、镶嵌处理、裁切处理、投影变换等,之后才能正确评价目标特征,进行图像的分类处理及制作各种专题图。遥感图像的预处理能提高遥感数据的利用价值。

子情境 1　遥感数据的输入输出与格式转换

2.1.1　遥感数据输入输出与格式转换的基本知识

用户获得遥感数据之后,利用遥感数据之前,首先需要把各种格式的原始遥感数据输入到计算机中,转换为各种遥感数据处理软件能够识别的格式,才能够进行下一步的应用,这就需要原始遥感数据的输入输出,以进行各种格式的原始遥感数据的转换。当单波段的原始遥感数据输入到计算机以后,常常需要把单波段的遥感数据合成为多波段的彩色遥感数据,因为人眼对彩色物体的分辨能力大大高于对黑白物体的分辨能力,彩色遥感图像的信息量更大;而且利用多波段的彩色遥感图像,还可以进行三个不同波段的遥感图像的彩色合成,以提高对不同地物的识别能力。

ERDAS IMAGINE 软件的输入/输出(Import/Export)模块,允许输入和输出多种格式的数据,包括矢量数据和栅格数据,如表 2-1。

表 2-1 ERDAS 常用输入/输出数据格式

数据输入格式	数据输出格式
ArcInfo Coverage E00	ArcInfo Coverage E00
ArcInfo GRID E00	ArcInfo GRID E00
ERDAS GIS	ERDAS GIS
ERDAS LAN .	ERDAS LAN
Shape File	Shape File
DXF	DXF
DGN	DGN
IGDS	IGDS
Generic Binary	Generic Binary
Geo TIFF	Geo TIFF
TIFF	TIFF
JPG	JPG
USGS DEM	USGS DEM
GRID	GRID
GRASS	GRASS
TIGER	TIGER
MSS Landsat	DFAD
TM Landsat	DLG
Landsat-7 HDF	DOQ
SPOT	PCX
AVHRR	SDTS
RADARSAT	VPF

2.1.2　遥感图像数据的输入与格式转换操作

1）二进制图像数据的输入与格式转换

用户购买的遥感图像往往都是经过转换后的单波段普通二进制数据文件,这样的数据文件必须按照普通二进制(Generic Binary)格式来输入。待输入的数据文件可存储在光盘或其他移动存储设备中,但是为了提高数据转换速度并保证转换质量,最好是将数据文件直接复制到计算机硬盘中。

（1）单波段二进制数据的输入与格式转换

单击 ERDAS 图标面板工具条中的输入/输出(Import/Export)菜单命令或图标,打开输入/输出(Import/Export)对话框,如图 2-1 所示。在该对话框中进行如下设置:

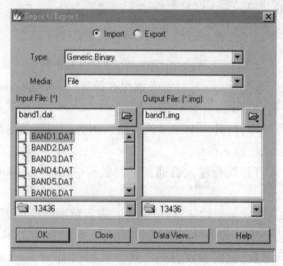

图 2-1　Import/Export 对话框

- 选择数据输入(Import)单选按钮。
- 选择输入类型(Type)为普通二进制(Generic Binary)。
- 选择输入数据媒体(Media)为文件(File)。
- 确定输入文件路径和文件名(Input File)为 ∗.dat。
- 确定输出文件路径和文件名(Output File)为 ∗.img。
- 单击确定(OK),打开输入普通二进制数据(Import Generic Binary Data)对话框,如图 2-2 所示。

在输入普通二进制数据(Import Generic Binary Data)对话框中设置如下参数:

- 确定数据格式(Data Format)为 BSQ 格式。
- 确定数据类型(Data Type)为无符号 8 位(Unsigned 8 Bit)。
- 确定图像记录长度(Image Record Length)为 0。
- 确定头文件字节数(Line Header Bytes)为 0。
- 确定数据文件行数(Rows)为 5 728。
- 确定数据文件列数(Clowns)为 6 920。
- 确定文件波段数(Bands)为 1。

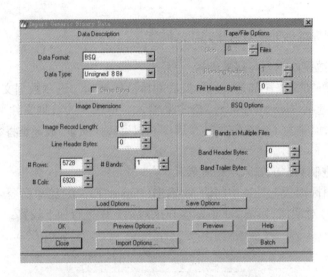

图 2-2　Import Generic Binary Data 对话框

- 保存参数设置(Save Options),打开参数保存设置(Save Options)对话框。
- 定义参数文件名(Filename)为 ＊.gen。
- 单击确定(OK)按钮,打开一个窗口显示输入图像。如果预览图像正确,则说明参数设置正确,可以执行输入操作。
- 单击确定(OK),打开执行输入普通二进制数据(Importing Generic Binary Data)对话框。
- 单击确定(OK),完成数据输入,将该普通二进制数据转换成了 IMG 文件。

重复上述部分过程,依次将多个波段数据全部输入,并转换为 IMG 文件。其中参数设置时,不需要重新逐次输入参数,只需要在普通二进制数据(Import Generic Binary Data)对话框中选择载入参数设置(Load Options)即可。

其中的头文件字节数、数据文件行数、数据文件列数、波段数等图像参数从输入的二进制图像数据的头文件获得,操作者应按照实际情况对应填写。

(2)多波段数据的合成

为了便于图像的进一步处理和分析,常常需要将单波段 IMG 图像数据转换为多波段图像数据,方法如下。

单击 ERDAS 图标面板工具条中主菜单/图像解译/实用工具/图层叠加(Main/Interpreter/Utilities/Layer Stack)命令,打开图层选择与叠加(Layer Selection and Stacking)对话框,如图 2-3所示,在该对话框中进行如下设置:

- 在文件输入(Input File)栏中依次选择并加载(Add)单波段图像数据,如输入 band1.img,单击加载(add),输入 band2.img,单击加载(add),直到待合成的单波段数据全部输入。
- 在文件输出(Output File)栏中,命名合成多波段图像数据的文件名,如 bandstack.img。
- 输出数据类型选择无符号 8 位(Unsigned 8 Bit)。
- 输出选项(Output Options)中选择合成(Union)。

- 输出统计忽略零值,即选中 Ignore Zero in Stats。
- 单击确定(OK),执行波段组合。

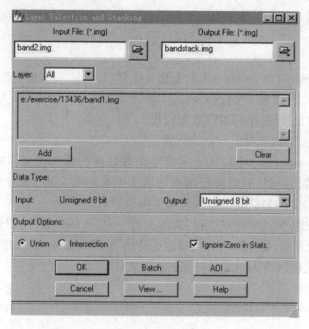

图 2-3　Layer Selection and Stacking 对话框

2)其他类型图像数据的输入输出与格式转换

(1)JPG 图像数据的输入输出与格式转换

JPG 数据是一种通用的图像文件格式,ERDAS 可以直接操作 JPG 数据,但是处理速度较慢,最好先将 JPG 数据转换为 IMG 数据。最简单的方法就是在打开的 JPG 图像窗口中,将数据另存为 IMG 文件就可以了。当然也可以按照上述二进制图像数据转换为 IMG 数据的方法,采用 ERDAS 软件的输入/输出功能进行转换。

但是,如果要将自己的 IMG 数据转换成为 JPG 文件,供其他办公软件使用,就必须使用 ERDAS 软件了。

单击输入/输出(Import/Export)菜单命令或图标,打开输入/输出(Import/Export)对话框中(图 2-1)。在该对话框中进行如下设置:

- 选择输出(Export)按钮。
- 选择输出类型(Type)为 JFIF(JPG)。
- 选择输出数据媒体(Media)为文件(File)。
- 确定输入文件路径和文件名(Input File)为 ∗.img。
- 确定输出文件路径和文件名(Output File)为 ∗.jpg。
- 单击确定(OK),打开输出 JFIF 数据(Export JFIF Data)对话框。

在输出 JFIF 数据(Export JFIF Data)对话框中设置下列参数:

- 设置图像对比度调整(Contrast Options)为标准差拉伸(Apply Standard Deviation Stretch)。
- 设置标准差拉伸倍数(Standard Deviation)为 2。

- 设置图像转换质量(Quality)为100。
- 点击输出选项(Export Options),打开输出选项(Export Options)对话框。

在打开的对话框中定义下列参数:

- 选择波段(Select Layers),如4,3,2。
- 选择坐标类型为Map。
- 定义子区(Subset Definition)为左上角 x 坐标(ULX),左上角 y 坐标(ULY),右下角 x 坐标(LRX),右下角 y 坐标(LRY)。
- 两次单击确定按钮,执行JPG数据输出。

(2)其他图像数据的输入输出与格式转换

GeoTiff、Tiff、Coverage、Shapefile、HDF 等类型图像数据的输入输出和格式转换与前述 Generic Binary、JPG 的转换类似,只需要仔细查阅输入图像的头文件,充分利用 ERDAS 软件的 Import/Export 功能,在其中对应修改输入各相关参数即可。

需要说明的是,ERDAS 软件虽然可以兼容处理一些非 IMG 文件,但处理效率低,因此建议在进行遥感图像处理前,最好先将各类型数据转换为 IMG 文件,待所有处理过程结束之后,再将处理好的 IMG 文件转换为所需要格式的数据文件。

技能训练 1

1)技能目标

(1)会根据需要对几种常见格式的遥感图像数据进行输入输出操作与格式转换。

(2)会将同一区域的几幅单一波段图像数据合成为一幅多波段图像数据。

2)仪器工具

(1)计算机

基本配置要求如下:英特尔奔腾Ⅳ及以上处理器;1 GB 及以上内存;4.5 GB 以上硬盘;带 DVD 光驱;VGA 1 024 × 768 × 32 以上显示器,或显卡支持 DirectX 9 以上版本;Windows XP Professional SP2 或 Windows 2000 Professional SP4 以上版本操作系统。

(2)软件

ERDAS IMAGINE 软件。

(3)数据

SPOT、Landsat 等遥感图像数据。

3)实训步骤

(1)generic binary 数据输入并转换为 IMG 数据。

(2)单波段 generic binary 数据合成多波段数据。

(3)JPG、TIF 数据的输入输出与格式转换。

4)基本要求

以个人为单位进行实训作业,实训教师分别进行指导。每个学生应该按照上述要求独立完成数据输入输出与格式转换作业和多波段合成作业。实训成果按要求保存在指定位置以备实训教师批改。

5)提交成果资料

(1)generic binary 数据输入转换为 IMG 数据成果。

（2）单波段 generic binary 数据合成多波段数据成果。

（3）一幅 IMG 数据转换为 JPG 数据成果。

（4）实习报告。

知识能力训练

1. 遥感图像预处理有何实际意义？

2. ERDAS 软件支持哪些遥感数据格式？

3. 试将一幅 generic binary 数据转换为 IMG 数据。

子情境 2　遥感图像预处理

2.2.1　遥感图像辐射校正的基本理论与操作

1）遥感图像辐射校正的基本理论

遥感图像的辐射校正（Radiometric Correction）是指消除或修正遥感图像成像过程中附加在传感器输出的辐射能量中的各种噪声的过程。由于遥感图像成果过程的复杂性,传感器收到的电磁波能量与目标本身辐射的能量是不一致的。传感器输出的能量还包含了由于太阳位置和角度条件、大气条件、地形影响和传感器本身的性能等所引起的各种失真,这些失真不是地面目标本身的辐射,因而对图像的使用和理解造成影响,辐射校正的目的就在于尽可能消除这些失真,尽可能回复图像的本来面目,为遥感图像的识别、分类、解译等后续工作打下基础。

遥感图像辐射误差产生的原因可以归纳为以下几个方面：

（1）遥感传感器的响应特性引起的辐射误差

如光学镜头的非均匀性引起的边缘减光现象、光电变换系统的灵敏度特性引起的辐射误差等,这些误差会导致接收的图像不均匀,产生条纹或噪声。这类畸变主要是由遥感传感器本身的性能指数决定的,具有系统性,一般遥感图像在地面接收站处理中心就已经由生产单位根据传感器的相关参数进行了此类校正,不需要用户自行进行。

（2）大气引起的辐射误差

电磁波在大气中传输时,会受到大气中分子和微小粒子的散射作用,散射作用随电磁波波长和散射体大小的不同而不同。

散射分为选择性散射和非选择性散射两种。选择性散射指的是对波长的选择,即波长越短,散射越强。这方面典型的例子是地面上看到的太阳颜色在早、中、晚的差异。中午,太阳当头,穿过的大气层厚度小,选择性散射相对较弱,较多的短波长光得以通过,于是人们看到的太阳是白色;早晚太阳光斜射,穿过的大气层较中午要厚得多,选择性散射相对较强,较短波长的光都被散射掉,因此人们看到的太阳呈红色。

非选择性散射是由尘埃、雾、云及大小超过光波长 10 倍的颗粒引起,对各种波长予以同等散射,天上的云呈白色就是这个道理（表 2-2）。

表 2-2　颗粒种类与波长的关系

散射类型		颗粒种类	颗粒大小（与比较）	与波长的关系（正比）
选择	瑞利	气体分子	<0.1	$1/\lambda^4$
	米氏	气溶胶（烟、水蒸气、雾）	0.1~10	$1/\lambda^2 \sim 1/\lambda^4$
非选择		尘埃、雾、云	>10	$1/\lambda^2$

散射增加了到达卫星传感器的能量，从而降低了遥感图像的反差。反差可定义为：

$$C_r = B_{max}/B_{min}$$

式中　B_{max}，B_{min}——图像上最大亮度值和最小亮度值；

　　　C_r——反差。

设两类地物的亮度值分别为 2 和 5，假设散射使亮度增加了 5 个单位。那么

无散射时，$C_r = 5/2 = 2.5$

有散射时，$C_r = (5+5)/(2+5) = 1.4$

散射所增加的亮度值不含有任何地面信息，却降低了图像的反差，反差降低则降低了图像的分辨率，因此必须进行校正。低分辨率图像的空间范围比较大，不能认为图像各处的大气散射是均匀的，往往需要进行分区校正。

消除由于大气散射引起的辐射误差的处理过程称为大气校正。大气校正的方法主要由三种：统计学法、辐射传递方程计算法和波段对比法。统计学法需要与卫星同步在野外进行光谱测量，辐射传递方程计算法需要测定具体天气条件下的大气参数，这两种方法的费用较高。在实际工作中，特别是资源遥感分类中常采用波段对比法。

波段对比法一般通过直方图法和回归分析法进行计算处理。直方图最小值法的前提条件是在一幅图像中总可以找到某种或某几种地物，其辐射亮度或反射率接近 0，也即存在理想黑体，那么，理想状态下（没有大气影响的情况下）直方图的最小亮度值就应该为 0，如果不为 0，就认为是大气散射导致。根据具体大气条件，各波段要校正的大气影响是不同的。为确定大气影响，显示有关波段图像的直方图，校正时将每一波段中每个像元的亮度值减去本波段的最小值即可。回归分析法是在不受大气影响的波段图像（近红外波段）和待校正的某一波段图像中，选择从最亮到最暗的一系列目标，对每一目标的两个波段亮度值进行线性回归分析，如MSS4 和 MSS7，那么回归直线在纵轴上的截距就是该波段的程辐射度。校正的方法是把该波段的所有像元值都减去这个截距值。

（3）太阳辐射引起的辐射误差

由于太阳高度角和方位角的变化以及地形部位的变化，不同地表位置接收到的太阳辐射是不同的。

①太阳位置

太阳位置主要指太阳高度角和方位角。随着太阳高度角和方位角的不同，地物入射角也发生变化（图 2-4），地物的反射率也就随之改变。

$$E_{\tau(\theta,\lambda)} = E_{\tau(\lambda)} \cdot \sin\theta \tag{2-1}$$

式中　$E_{\tau(\theta,\lambda)}$——地面接收的照度；

　　　$E_{\tau(\lambda)}$——太阳透过大气后垂直太阳光的照度；

　　　θ——太阳高度角。

总照度为：

$$E_{\tau(\theta)} = \int_0^\infty E_{\tau(\theta,\lambda)}\,\mathrm{d}\lambda \tag{2-2}$$

太阳高度角较低时,图像上会产生阴影压盖其他地物图像,造成同物异谱问题,影响遥感图像的定量分析和自动识别。

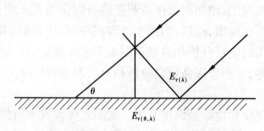

图 2-4　地面照度与太阳高度角的关系

太阳高度引起的辐射误差校正是将太阳光线倾斜照射时获取的图像校正为太阳光线垂直照射时获取的图像。太阳的高度角 θ 可根据成像时刻的时间、季节和地理位置来确定:

$$\sin\theta = \sin\varphi \cdot \sin\delta \pm \cos\varphi \cdot \cos\delta \cdot \cos t \tag{2-3}$$

式中　θ——太阳高度角;

　　　φ——图像对应地区的地理纬度;

　　　δ——太阳赤纬(成像时太阳直射点的地理纬度);

　　　t——时角(地区经度与成像时太阳直射点地区经度的经差)。

太阳高度角的校正是通过调整一幅图像内的平均灰度来实现的,在太阳高度求出后,太阳高度角 θ 倾斜时得到的图像 $g(x,y)$ 与直射时得到的图像 $f(x,y)$ 有如下关系:

$$f(x,y) = \frac{g(x,y)}{\sin\theta} \tag{2-4}$$

如果不考虑天空光的影响,各波段图像可采用相同的 θ 角进行校正,或者可用下式进行校正:

$$DN' = DN \cdot \cos i \tag{2-5}$$

式中　i——太阳天顶角(即 90°减去太阳高度角);

　　　DN'——校正后的亮度值;

　　　DN——原来的亮度值。

这种校正或补偿,主要应用于比较不同太阳角(不同季节)的多日期图像。

当研究相邻地区跨越不同时期的两幅图像时,为了使两个部分便于衔接或镶嵌,也可作太阳角校正。校正的方法是以其中一幅图像为标准(或称参考图像),而校正另一幅图像,使之与参考图像相近似。若参考图像的太阳天顶角为 i_1,校正的图像的太阳天顶角为 i_2,其亮度值用 DN 表示,则校正后的亮度值 DN' 为:

$$DN' = DN \cdot \frac{\cos i_1}{\cos i_2} \tag{2-6}$$

由于太阳高度角的影响,在图像上会产生阴影而压盖地物,从而影响了遥感图像的定量分析和自动识别。为了尽量减少太阳高度角和方位角引起的辐射误差,遥感的卫星轨道大多设计在同一个地方时间通过当地上空,但由于季节的变化和地理经纬度的变化,造成太阳高度角和方位角的变化是不可避免的。太阳方位角的变化也会改变光照条件,它也随成像季节、地理纬度的变化而变化。太阳方位角引起的图像辐射值误差通常只对图像细部特征产生影响,它可以采用与太阳高度角校正相类似的方法进行处理。

一般情况下,图像上地形和地物的阴影是难以消除的,但是多光谱图像上的阴影可以通过图像之间的比值进行消除。比值图像是用同步获取的相同地区的任意两个波段图像相除而得到的新图像。在多光谱图像上,地物阴影区的灰度值可以认为是无阴影时的影像灰度值加上对各波段影响相同的阴影亮度值,所以,当两个波段相除时,阴影的影响在比值图像上基本被消除。阴影的消除对图像的定量分析和自动识别是非常重要的,因为它消除了非地物辐射而引起的图像灰度值的误差,有利于提高定量分析和自动识别的精度。

②地形起伏

传感器接收的辐照亮度和地面倾斜度有关。太阳光线垂直入射到水平地表和坡面上所产生的辐亮度是不同的。由于地形起伏的变化,在遥感图像上会造成同类地物灰度不一致的现象。

如果光线垂直入射时水平地表受到的光照强度为 I_0,倾斜角为 α 的坡面上入射点处的光强度 I,则:

$$I = I_0 \cdot \cos \alpha \tag{2-7}$$

因此,若处在坡度为 α 的倾斜面上的地物影像为 $g(x,y)$,则校正后的图像 $f(x,y)$ 为:

$$f(x,y) = \frac{g(x,y)}{\cos \alpha} \tag{2-8}$$

由上式可见,地形坡度引起的辐射校正方法需要有图像对应地区的 DEM 数据,校正较为麻烦,一般情况下对地形坡度引起的误差不做校正。另外,此项校正也可采用比值图像来消除地形坡度所产生的辐射量误差。

(4)其他误差

遥感图像中有时因各检测器特性的差别、干扰、故障等原因引起不正常的条纹和斑点,它们不但造成直接错误信息,而且在统计分析中也会引起不好的效果,应该予以消除。

遥感图像的噪声源主要有大气传输信道的噪声及传感器内所产生的噪声。大气传输信道中由于大气的湍流扰动影响产生无规则随机噪声,具有高斯分布、零均值的加法性特征。传感器的噪声源包含有转换和滤波过程中产生的噪声,例如光电检测系统的电流不稳定性所表现的散粒噪声,即电流的无规起伏现象;传感器的另一噪声源为滤波器电路中电阻、电容产生的热噪声,这种噪声也具有高斯分布、零均值的随机特性;热红外波段传感器因各部分的温度变化也产生噪声效应。有规噪声,如经常发生的第六条扫描线的信息脱落,呈现为黑色或白色的条带,例如,条纹误差主要是由检测器引起的,斑点误差主要由噪声或磁带的误码率等原因造成,具有分散和孤立的特点。根据遥感图像中的噪声特性,可以采用一些减少或消除的技术,如频率域滤波技术、平滑技术(即领域内平均法)或同态滤波技术等。

然而应当指出的是,精确地遥感图像辐射校正往往是很困难的,所以辐射校正常被忽视,或者仅用一些基于图像本身的技术进行部分校准。但许多遥感应用分析都不需要做绝对的辐射校正,而是相对的辐射校正。而且用户购买的有些图像数据,数据供应商已经根据卫星记录的参数做了辐射校正。因此对于遥感图像的辐射校正,用户应该根据图像数据的实际情况,选择性的做适当的辐射校正就可以了。

2)遥感图像辐射校正操作

针对遥感数据的实际情况,可能要采用不同的辐射校正方法。下面就介绍几种 ERDAS 中常用简单的相对辐射校正工具。真正的生产实践中,往往要根据实际情况,同时采用多种校正工具进行处理才能达到比较好的效果。

(1)降噪处理

降噪处理是利用自适应滤波方法去除图像中的噪声,降噪处理在沿着边缘或平坦地区去除噪声的同时,可以很好的保持图像中的一些微小细节。方法如下:

在 ERDAS 图标工具条中点击图像解译(Interpreter)图标/辐射增强(Radiometric Enhancement)/降噪处理(Noise Reduction)命令,打开降噪处理(Noise Reduction)对话框,如图 2-5 所示。在其中设置下列参数:

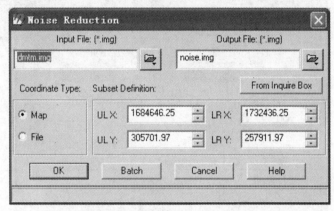

图 2-5　Noise Reduction 对话框

- 确定输入文件(Input File):dmtm. img。
- 定义输出文件(Output File):noise. img。
- 定义文件坐标类型(Coordinate Type):Map。
- 处理范围确定(Subset Difinition):在 ULX/Y,LRX/Y 微调框中输入需要的数值(默认状态为整个图像范围)。
- 单击确定(OK),关闭降噪处理(Noise Reduction)对话框,执行降噪处理。

(2)去条带处理

去条带处理是针对诸如 Landsat TM 等扫描图像特点,对其原始数据进行三次卷积处理,以达到去除扫描条带的目的。方法如下:

在 ERDAS 图标工具条中点击图像解译图标/辐射增强/去条带处理(Interpreter/Radiometric Enhancement/Destripe TM Data)命令,打开去条带处理(Destripe TM Data)对话框,如图 2-6 所示。在其中设置下列参数:

- 确定输入文件(Input File):tm_striped. img。
- 定义输出文件(Output File):noise. img。
- 输出数据类型(Output Data Type):Unsigned 9 bit。
- 输出数据统计时忽略零值,即选择 Ignore Zero in Stats 复选框。
- 边缘处理方法(Handle Edges by):Reflection。
- 定义文件坐标类型(Coordinate Type):Map。

- 处理范围确定(Subset Difinition):在 ULX/Y,LRX/Y 微调框中输入需要的数值(默认状态为整个图像范围)。
- 单击确定(OK),关闭去条带处理(Destripe TM Data)对话框,执行去条带处理。

其中要说明的是,边缘处理方法有两种:反射(Reflection)和填充(Fill),前者是应用图像边缘灰度值的镜面反射值作为图像边缘以外的像元值,这样可以避免出现晕光,而后者则是统一将图像边缘以外的像元以 0 值填充,呈现黑色背景。

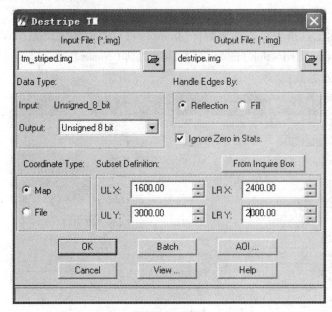

图 2-6　Destripe TM Data 对话框

3)同态滤波

同态滤波是利用照度/反射率模型对遥感图像进行滤波处理。方法如下:

在 ERDAS 图标工具条中点击图像解译图标/傅立叶分析/同态滤波(Interpreter/Fourier Analysis/Homomorphic Filter)命令,打开同态滤波(Homomorphic Filter)对话框,如图 2-7 所示。在其中设置下列参数:

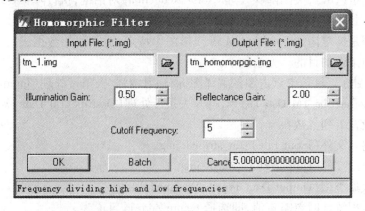

图 2-7　Homomorphic Filter 对话框

- 选择输入图像(Input File):tm_1. img。

- 确定输出图像(Output File):tm_1_homomorphic. img。
- 设置照度增益(Illumination Gain):0.5。
- 设置反射率增益(Reflction Gain):2。
- 设置截取频率(Cutoff Frequency):5。
- 单击确定(OK),关闭同态滤波(Homomorphic Filter)对话框,执行同态滤波处理。

很多图像增强处理手段都可以作为辐射校正工具,如直方图匹配,比值法、差值法多光谱图像增强等,这里不做详细讲述,可参见学习情境 3 中的图像增强。

技能训练 2

1)技能目标

(1)会根据需要常规遥感图像数据进行降噪处理。

(2)会根据需要常规遥感图像数据进行去条带处理。

(3)会根据需要常规遥感图像数据进行同态滤波处理。

2)仪器工具

计算机(配置要求同前),ERDAS IMAGINE 软件,SPOT、Landsat 等图像数据。

3)实训步骤

(1)遥感图像数据降噪处理。

(2)遥感图像数据去条带处理。

(3)遥感图像数据同态滤波处理。

4)基本要求

以个人为单位进行实训作业,实训教师分别进行指导。

每个学生应该按照上述要求完成辐射校正作业。实训成果按要求保存在指定位置以备实训教师批改。

5)提交成果资料

(1)辐射校正数据成果。

(2)实习报告。

2.2.2　遥感图像几何校正的基本理论与操作

1)遥感图像几何校正的基本理论

遥感图像的几何畸变,又称几何变形,是指图像像元在图像中的坐标与其在地图坐标系等参考系统中的坐标之间的差异。引起遥感图像几何变形的原因有很多,总体可分为内部畸变和外部畸变两类。内部误差是由传感器本身的结构性能等因素引起的,如摄影机的焦距变动、像主点偏移、镜头畸变、光机扫描仪的扫描线首末点成像时间差、不同波段上相同位置的扫描线成像时间差、扫描棱镜旋转速度不均匀、扫描线非直线性和非平行线性等。内部畸变大小因遥感器结构而异,一般误差不大。外部畸变是指遥感器本身处在正常工作的条件下,由遥感器以外的各因素所造成的误差,可进一步分为平台引起的畸变和目标物(地球的自转等)引起的畸变,有传感器的外方位变化、传感介质的不均匀、地球曲率、地形起伏、地球旋转等因素所引起的误差。几何畸变的类型见表 2-3。

表 2-3　遥感图像的几何畸变类型

遥感器的种类　畸变的类型	中心投影方式			斜距方式
	面遥感器	线遥感器	点遥感器	
内部畸变 透镜的辐射方向畸变像差	辐射畸变	辐射畸变	辐射畸变	
透镜的切线方向畸变像差	切线畸变	切线畸变	切线畸变	
透镜的焦距误差	比例尺偏差	比例尺偏差	比例尺偏差	
透镜的光轴与投影面的非正交性	投影畸变	投影畸变	投影畸变	
图像投影面的非平面性	非线性畸变	非线性畸变	非线性畸变	
探测元件排列得不整齐		倾斜失真	阶梯状畸变	
采样速率的变化		比例尺误差	扫描比例尺偏差	比例尺误差
采样时刻的偏差			阶梯状畸变	
扫描镜的扫描速度的变化				
外部畸变 平台的水平位置误差	平移畸变	平移畸变	平移畸变	
平台的高度误差	比例尺偏差	比例尺偏差	比例尺偏差	比例尺偏差
平台位置的时间变化		纵横比畸变、倾斜失真	纵横比畸变、倾斜失真	纵横比畸变、倾斜失真
平台姿态误差	投影畸变	投影畸变	投影畸变	投影畸变
平台姿态的时间变化		投影畸变	投影畸变	投影畸变
地球的自转		倾斜失真	倾斜失真	倾斜失真
地球的曲率	曲率畸变	曲率畸变	曲率畸变	曲率畸变
地形的起伏	起伏畸变	起伏畸变	起伏畸变	起伏畸变
大气密度差引起的光的折射	非线性畸变	非线性畸变	非线性畸变	非线性畸变

　　遥感图像的几何校正就是通过几何校正处理去除上述各种原因引起的图像几何畸变,使图像像元在图像中的坐标与其在地图坐标系中的坐标一致。遥感图像的几何校正处理,是遥感信息处理过程中的一个基本环节。它的重要性主要体现在如下三个方面:第一,作为地球资源及环境的遥感调查结果,通常需要用能够满足量测和定位要求的各类专题图来表示,而这些图件的产生,则要求对原始图像的几何变形进行改正;第二,当应用不同传感方式、不同光谱范围以及不同成像时间的各种同地域的复合影像数据来进行计算机自动分类、地物特征的变化监测或其他应用处理时,必须保证各不同影像间的几何一致性,即需要进行图像间的几何配准,以满足复合处理原理上的正确性;第三,利用遥感图像进行地图更新,也对遥感图像的几何校正提出了更严格的要求。

　　遥感中的几何畸变,就其性质来说,有的属于系统畸变,而有的属于随机畸变,但总的效果是使图像中的几何图形与该物体在所选定的地图投影中的几何图形产生差异,使图像产生了几何形状或位置的失真。主要表现为位移、旋转、缩放、仿射、弯曲和更高阶的歪曲,或者表现为像元相对地面实际位置产生挤压、伸展、扭曲或偏移。这些降低了数字图像在某些应用中的使用价值,尽管畸变的原因多样,大部分可通过几何校正来消除。

遥感图像的几何校正包括粗校正和精校正两种。对于系统性畸变,当消除这类畸变的理论校正公式已知时,可利用卫星所提供的轨道和姿态等参数,遥感传感器的有关校正数据,以及地面系统中的有关处理参数对原始数据进行几何校正。中心投影型遥感器中的共线条件式就是理论校正式的典型例子。该方法对遥感器的内部畸变大多是有效的。可是在很多情况下,遥感器的位置及姿态的测量值精度不高,所以外部畸变的校正精度也不高,因此这种校正又称为几何粗校正。

经过粗校正的图像仍有较大的残差,因此,必须作进一步的精校正。几何精校正是用一种数学模型(坐标关系式)来近似描述遥感图像的几何畸变过程,并利用畸变的遥感图像与标准地图之间的一些对应点(即控制点)求得这个几何畸变模型,然后利用此模型进行几何畸变的校正。这种校正不考虑畸变的具体原因,而只考虑如何利用畸变模型来校正图像。这里所说的几何校正主要是指几何精校正。

几何精校正它包括两个环节:一是像素坐标的转换,即将图像坐标转变为地图或地面坐标;二是对坐标变换后的像素亮度值进行重采样。几何精校正的主要过程如下:

(1)根据图像的成像方式确定影像坐标和地面坐标之间的数学模型

可采用的数学模型有很多,应用较多的是一种多项式拟合法,它回避成像的空间几何过程,直接采用一个适当的多项式来描述校正前后图像相应点之间的坐标关系。例如,建立变换前图像坐标(x,y)与其地面同名相点地图坐标(U,V)之间的函数关系:

$$\begin{cases} U = a_0 + a_1 x + a_2 y + a_3 x^2 + a_4 xy + a_5 y^2 + a_6 x^3 + a_7 x^2 y + a_8 xy^2 + a_9 y^3 + \cdots \\ V = b_0 + b_1 x + b_2 y + b_3 x^2 + b_4 xy + b_5 y^2 + b_6 x^3 + b_7 x^2 y + b_8 xy^2 + b_9 y^3 + \cdots \end{cases} \tag{2-9}$$

多项式阶数的选择根据校正图像的不同而不同。当选用一次校正时,可以校正图像平移、旋转、缩放等线性变形;当选用二次校正时,则可以在改正一次变形的基础上,改正二次非线性变形;若选用三次校正,则可改正更高次的非线性变形。

(2)根据所采用的数学模型确定校正公式

利用适当数量的地面控制点(GCP)的图像坐标(x_k,y_k)和其对应的地面坐标(U_k,V_k),通过最小二乘法平差原理计算数学模型多项式中的系数$(a_i,b_i,i=1,2,3,\cdots)$,从而确定了校正前后图像相应点之间的关系,并评定校正精度。控制点应为影像上的明显地物点,易于判读,并分布均匀。

(3)对原始影像进行几何校正变换计算,像素灰度值重采样

几何校正变换方案有两种,即直接法和间接法,下面以间接法为例进行阐述。

从空白的输出图像阵列出发,按行列的顺序依次对每个输出像素点位(U,V)反求其原始图像坐标系中的位置(x,y),如图 2-8 所示。由此所计算的对应原始图像坐标(x,y)并不落在对应像素的中心,必须通过对周围的像元值进内插来求出以该坐标为中心的新灰度值(即灰度重采样),然后将原始影像上这个像点(x,y)处的灰度值赋给输出影像上的像素点位(U,V),从而得到消除几何畸变的图像。常用的图像灰度重采样方法有邻近点插值法、双线性插值法、立方卷积插值法等。邻近点插值法是将最临近像元值直接赋予输出像元,双线性插值法是用双线性方程和 2×2 窗口计算输出像元值,立方卷积插值法是用立方方程和 4×4 窗口计算输出像元值。

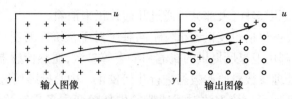

(a) 输入图像的各个要素在输出图像上的投影

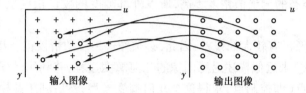

(b) 计算输出图像上的各要素在输入图像上的位置

图 2-8　直接校正法和间接校正法

2) 遥感图像几何校正操作

(1) 遥感图像几何校正中要明确的几点

① 几何校正计算模型

如图所示，ERDAS 软件提供的 7 种几何校正计算模型，如表 2-4 所示。

表 2-4　几何校正计算模型与功能

计算模型	功　能
Affine	图像仿射变换(不做投影变换)
Polynomial	多项式变换(同时做投影变换)
Reproject	投影变换(转换调用多项式变换)
Rubber Sheeting	非线性、非均匀变换
Camera	航空影像正射校正
Landsat	Landsat 卫星图像正射校正
Spot	SPOT 卫星图像正射校正

其中多项式变换在卫星图像校正过程中应用较多，在调用时需要确定多项式的次方数，通常整景图像选择 3 次方。每景图像所需要的最少控制点数可以由公式 $\dfrac{((t+1)*(t+2))}{2}$ 来推算。式中 t 为次方数，即 1 次方需要 3 个控制点，2 次方需要 6 个控制点，3 次方需要 10 个控制点，依次类推。

② 几何校正采点模式

ERDAS 系统提供 9 中控制点采集模式，如表 2-5 所示。

表 2-5　几何校正采点模式

模　式	含　义
Viewer to Viewer： 　Existing Viewer 　Image Layer(New Viewer) 　Vector Layer(New Viewer) 　Annotation Layer(New Viewer)	视窗采点模式： 　在已经打开的视窗中采点 　在新打开的图像视窗中采点 　在新打开的矢量视窗中采点 　在新打开的注记视窗中采点
File to Viewer： 　GCP File(∗. gcp) 　ASCⅡ File	文件采点模式： 　在控制点文件中读点 　在 ASCⅡ码文件中读点
Map to Viewer： 　Digitizing Tabler(Current) 　Digitizing Tablet(New) 　Keyboard Only	地图采点模式： 　在当前数字化仪上采点 　在新配置数字化仪上采点 　通过键盘输入控制点

表中三类几何校正采点模式分别适用于不同情况：

如果已经拥有需要校正图像区域的数字地图、或经过校正的图像、或注记图层,则可以使用视窗采点模式,即直接以数字地图、或经过校正的图像、或注记图层作为地理参考,在另一个视窗中打开相应的数据层,从中采点。

如果事先已经通过 GPS 测量、摄影测量等途径获得了控制点的坐标数据,并保存为 ER-DAS 的控制点文件或 ASCⅡ文件,则可调用文件采点模式,直接在数据文件中读取控制点坐标。

如果前两种条件均不符合,只有硬拷贝的地图或坐标纸作为参考,则只有采用地图采点模式,首先在地图上选点并量算坐标,然后通过键盘输入坐标数据;或者在地图上选点后,借助数字化仪来采集控制点坐标。

（2）遥感图像几何校正

以已经具有地理参考的 SPOT 影像为基础,对 Landsat TM 图像校正为例,介绍图像校正的工作流程,工作流程如图 2-9 所示。

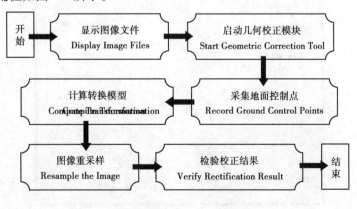

图 2-9　图像校正的一般流程

图像校正的具体过程如下：

第一步：显示图像文件

在 ERDAS 图标面板中双击视窗（Viewer）图标，打开两个视窗（Viewer#1／ Viewer#2），并将两个视窗平铺放置，视窗 1（Viewer#1）中打开需要校正的 Landsat TM 图像 tmAtlanta.img，在视窗 2（Viewer#2）中打开作为地理参考的校正过的 SPOT 图像 panAtlanta.img。

第二步：启动几何校正模块

ERDAS IMAGINE 软件提供两种途径启动几何校正模块——数据预处理途径和视窗栅格操作途径，其中视窗栅格操作途径更为直观简便。通过视窗栅格操作途径来启动几何校正模块方法如下：

在 Viewer#1 视窗的菜单条栅中选择栅格（Raster）／几何校正（Geometric Correction），打开设置几何校正计算模型（Set Geometric Model）对话框（图 2-10）。在其中选择几何校正计算模型（Select Geometric Model），这里选择多项式校正模型（Polynomial），确定（OK），同时打开几何校正工具（Geo Correction Tools）对话框（如图 2-11 所示）和多项式校正属性设置（Polynomial Model Properties）对话框（如图 2-12 所示）。

图 2-10　Set Geometric Model 对话框

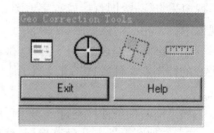

图 2-11　Geo Correction Tools 对话框

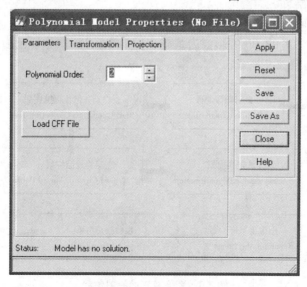

图 2-12　Polynomial Model Properties 对话框

在 Polynomial Model Properties 对话框中定义多项式模型参数及投影参数：

- 定义多项式次方(Polynomial Order)为 2。
- 投影参数(Projection)为略。
- 应用(Apply)并关闭对话框。
- 点击投影(Projection)页下面的从 GCP 工具中设置投影参数(Set Projection from GCP Tools)按钮，打开 GCP 工具参考设置(GCP Tool Reference Setup)对话框(如图 2-13 所示)。

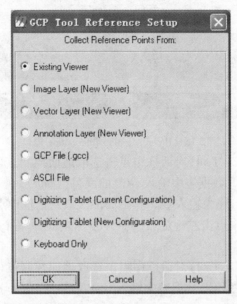

图 2-13 GCP Tool Reference Setup 对话框

第三步：启动控制点工具

在 GCP 工具参考设置(GCP Tool Reference Setup)对话框中选择采点模式为在已经打开的视窗中采点(Existing Viewer)复选按钮，确定(OK)并关闭该对话框，打开视窗采点指示器(Viewer Selection Instruction)。

在显示作为地理参考的图像 panAtlanta. img 的 Viewer#2 中点击左键，打开参考图像信息(Reference Map Information)提示框(如图 2-14 所示)，显示参考图像的投影信息，确定(OK)，关闭该提示框。这时整个屏幕将自动变化为如图 2-15 所示的状态，表明控制点工具被启动，进入控制点采集状态。

第四步：采集地面控制点

地面控制点工具(GCP Tool)对话框由菜单条(Menu Bar)、工具条(Tool Bar)和控制点数据表(GCP CellArray)及状态条(Status Bar)四部分组成。地面控制点采集具体过程如下：

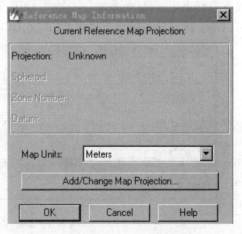

图 2-14 Reference Map Information 提示框

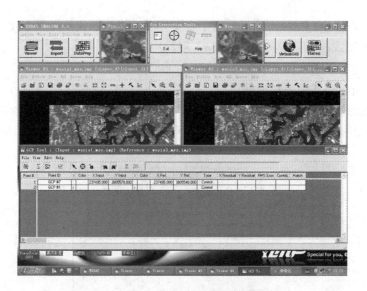

图 2-15　Reference Map Information 窗口

　　在地面控制点工具(GCP Tool)对话框中点击选取地面控制点(Select GCP)图标,进入地面控制点选择状态。在 GCP 数据表中输入 GCP 的颜色(Color),在 Viewer#1 中移动关联方框位置,寻找明显地物特征点,作为输入 GCP。在 GCP 工具对话框中点击创建地面控制点(Creat GCP)图标,并在 Viewer#3 中点击左键定点,GCP 数据表将记录一个输入 GCP,包括其编号、标识码、X 坐标和 Y 坐标。

　　在地面控制点工具(GCP Tool)对话框中点击选取地面控制点(Select GCP)图标,重新进入地面控制点选择状态。在 GCP 数据表中输入 GCP 的颜色(Color),在 Viewer#2 中移动关联方框位置,寻找对应地物特征点,作为参考 GCP。在 GCP 工具对话框中点击创建地面控制点(Creat GCP)图标,并在 Viewer#4 中点击左键定点,系统将自动把参考点的坐标显示在 GCP 数据表中。

　　在 GCP 工具对话框中点击选取地面控制点图标,重新进入 GCP 选择状态,并将光标移回 Viewer#1,准备采集另一个输入控制点。重复操作上述过程,采集若干个 GCP,直到满足几何校正模型为止,以后每采集一个输入 GCP,系统将自动产生一个参考 GCP,通过移动参考 GCP 可以逐步优化校正模型。采集 GCP 后,GCP 数据表如图 2-16 所示。

Point #	Point ID	>	Color	X Input	Y Input	>	Color	X Ref.	Y Ref.	Type	X Residual	Y Residual	RMS Error	Contrib.	Match
1	GCP #1			237469.138	3805600.437			237470.117	3805598.868	Control	0.000	-0.000	0.000	0.004	
2	GCP #2			247101.265	3805569.265			247107.008	3805570.102	Control	0.005	-0.020	0.020	1.192	
3	GCP #4			234403.137	3793016.976			234430.769	3793004.159	Control	0.000	-0.001	0.001	0.035	
4	GCP #3			247063.646	3792760.761			247063.400	3792763.790	Control	0.003	-0.013	0.014	0.809	
5	GCP #5			241657.073	3795255.518			241660.395	3795257.489	Check					
6	GCP #6			237115.202	3800647.038			237211.531	3800139.520	Control	-0.000	0.001	0.001	0.061	
7	GCP #8			247140.551	3800309.168			247152.121	3800285.158	Control	-0.008	0.033	0.034	1.979	
8	GCP #7	>				>				Control					

图 2-16　GCP Tool 对话框与 GCP 数据表

　　第五步:采集地面检查点

上面采集的 GCP 类型均为控制点（Control），用于控制计算，建立转换模型及多项式方程。下面所要采集的 GCP 的类型均为检查点（Check），用于检验所建立的转换方程的精度和实用性。方法如下：

在地面控制点工具（GCP Tool）菜单条中通过编辑/设置点类型（Edit/Set Point Type），确定 GCP 类型为检查点（Check）。然后通过编辑/匹配点（Edit/GCP Matching），打开匹配点（GCP Matching）对话框，在该对话框中定义下列参数：

- 在匹配参数（Matching Parameters）项中：设置最大搜索半径（Max Search Radius）为 3，搜索窗口大小（Search Window Size）为 $x = 5$，$y = 5$；
- 在约束参数（Threshold Parameters）项中：设置相关阈值（Correction Threshold）为 0.8，删除不匹配点（Discard Unmatched Point）为激活（Active）；
- 在匹配所有/选择点（Match All/Selected Point）选项组中：设置为从输入到参考（Reference from Input）或者从参考到输入（Input from Reference），设置完成之后关闭该对话框。

在 GCP 工具条中选择创建地面控制点（Creat GCP）图标，并将锁定（Lock）图标打开，锁住创建 GCP 功能，如同选择控制点一样，分别在 Viewer#1 和 Viewer#2 中定义 5 个检查点，定义完毕后点击解除锁定（Unlock）图标。

在 GCP 工具条中点击计算误差（Computer Error）图标，检查点的误差就会显示在 GCP 工具的上方，只有所有检查点的误差均小于一个像元，才能继续进行合理的重采样。一般来说，如果选择的控制点定位选择比较准确，检查点匹配会比较好，误差会在限差范围内，否则若控制点定义不精确，检查点就无法匹配，误差会超标。

第六步：计算转换模型

在控制点采集过程中，一般设置为自动转换计算模式，所以随着控制点采集过程的完成，转换模型就自动计算生成。转换模型的查阅过程如下：

打开多项式模型参数（Polynomial Model Properties）对话框（如图 2-17 所示），在其中查阅模型参数，并记录转换模型，关闭对话框，进入图像重采样阶段。

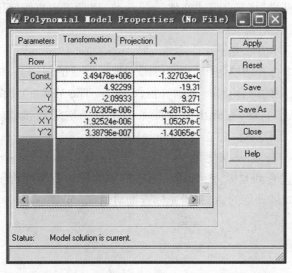

图 2-17   Polynomial Model Properties 对话框

第七步:图像重采样

首先在几何校正工具(Geo Correction Tools)对话框中选择图像重采样(Image Resample)图标,打开图像重采样(Image Resample)对话框,如图 2-18 所示。在其中定义重采样参数:

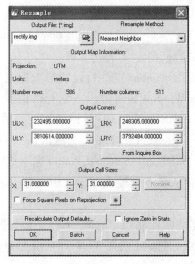

图 2-18　Resample 对话框

- 输出图像文件名(Output File):rectify.img。
- 选择重采样方法(Resample Method):Nearest Neighbor。
- 定义输出图像范围(Output Corner):ULX、ULY、LRX、LRY。
- 定义输出统计中忽略零值:Ignore Zero in Status。
- 设置重新计算输出缺省值(Recalculate Output Default):Skip Factor 10。
- 确定(OK),关闭对话框,启动重采样进程。

第八步:保存几何校正模式

在几何校正工具对话框中点击退出(Exit)按钮,退出图像几何校正过程,按照系统提示选择保存图像几何校正模式,并定义模式文件(*.gms),以便下次直接使用。

第九步:检验校正结果

检验纠正结果的基本方法是:

同时在两个视窗中打开两幅图像,其中一幅是校正以后的图像,一幅是当时的参考图像。点击 ERDAS 图标面板中的综合菜单/平铺视窗(Session/Tile Viewer)将两幅图像平铺。

在 Viewer#1 中点击右键,在弹出的快捷菜单中点击地理连接/解除连接(GeoLink/Unlink)。在 Viewer#2 中点击左键,建立与 Viewer#1 的连接。

在 Viewer#1 中点击右键,从快捷菜单中点击查询光标(Inqure Cursor),打开光标查询对话框。在 Viewer#1 中移动查询光标,观测其在两屏幕中的位置及匹配程度,并注意光标查询对话框中数据的变化。如果满意的话,关闭光标查询对话框。

技能训练 3

1)技能目标

(1)会进行图像的显示操作。

(2)会启动几何校正工具及设置相关参数。

(3)会启动控制点工具,并三种采点模式采集控制点和计算转换模型。

(4)会进行图像重采样操作。

(5)会检验校正结果。

2)仪器工具

计算机(配置要求同前),安装 ERDAS IMAGINE 软件,SPOT、Landsat 等遥感图像数据。

3)实训步骤

(1)打开图像数据。

(2)启动几何校正模块,设置相关参数。

(3)启动控制点工具,设置相关参数,采集控制点和检查点。

(4)计算转换模型,进行图像重采样。

(5)检验校正结果。

4)基本要求

以个人为单位进行实训作业,实训教师分别进行指导。

每个学生应该按照上述要求完成一幅图像数据的几何校正作业。实训成果按要求保存在指定位置以备实训教师批改。

5)提交成果资料

(1)几何校正成果数据。

(2)实习报告。

2.2.3 遥感图像镶嵌的基本知识与操作

1)遥感图像镶嵌的基本知识

在遥感图像的应用中,常常需要把研究区若干经校正的相邻单幅遥感影像合并成为一幅或以一组图像,称为遥感图像的镶嵌或拼接。

遥感图像镶嵌的要求为:首先需要根据专业要求挑选合适的遥感数据,尽可能选择成像时间和成像条件相近的遥感图像;要求相邻影像的色调一致;遥感影像镶嵌之前要进行几何校正,必须全部包含地图的投影信息。要镶嵌的遥感图像的像元大小和投影类型可以不同,但必须具有相同的波段数。

在进行遥感图像镶嵌时,不同图像的亮度存在差异,尤其当两幅相邻图像季节相差较大时,更为严重。特别是在两幅图像的对接处,这种差异有时还比较明显。为了消除两幅图像在拼接时的差异,有必要进行重叠区亮度的调整。重叠区亮度的确定常用的有三种计算方法。一是把两幅图像对应像元的平均值作为重叠区像元点的亮度值;二是把两幅图像中最大的亮度值作为重叠区像元点的亮度值;三是取两幅图像对应像元亮度值的线性加权和作为重叠区像元点的亮度值,对于第三种方法,为了使镶嵌效果更好,要尽可能使重叠部分最大。

2)遥感图像镶嵌操作

图像镶嵌功能可以通过 ERDAS 图标面板菜单条或者图标面板工具条启动。通过点击数据预处理(Data Pre)图标,打开数据预处理(Data Preparation)菜单。在其中选择拼接图像(Mosaic Images),打开拼接工具(Mosaic Tool)视窗(如图 2-19)。

这里通过三幅陆地资源卫星图像的镶嵌处理,来介绍卫星图像的拼接过程。

图 2-19　Mosaic Tool 对话框

第一步:加载拼接图像

在拼接工具(Mosaic Tool)视窗工具条中,选择编辑/添加图像(Edit/Add Images),打开加载镶嵌图像(Add Images for Mosaic)对话框,如图 2-20 所示。在该对话框中设置下列参数:

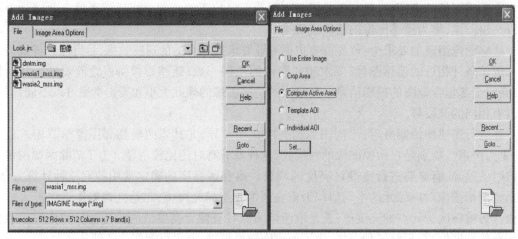

图 2-20　Add Images for Mosaic 对话框

- 在拼接图像文件(Image File Name)栏中输入拼接图像 wasia1_mss. img。
- 在图像拼接区域(Image Area Option)栏中选择 Compute Active Area(edge)复选按钮。
- 点击添加(Add),则图像 wasia1_mss. img 被加载到拼接视窗中。同样的方法加载 wa-sia2_mss. img 和 wasia3_mss. img,关闭对话框。

第二步:图像叠置组合

在拼接工具(Mosaic Tool)视窗工具条中,选择设置输入图像模式(Set Input Mode)图标,进入设置输入图像模式状态,这时拼接工具视窗工具条中会出现与该模式对应的调整图像叠置次序的编辑图标。利用这些编辑工具,根据需要对各图像进行上下层调整。

调整完成后,单击拼接工具窗口,退出图像叠置组合状态。

第三步:图像匹配设置

在拼接工具(Mosaic Tool)视窗工具条的设置输入图像模式状态下,点击图像匹配(Image Matching)图标,打开匹配选项(Matching Options)对话框(如图2-21所示),并在该对话框中作如下设置:

- 设置匹配方法(Matching Method):重叠区域匹配(Overlap Area)。
- 点击确定(OK),保存设置并关闭对话框。

在拼接工具(Mosaic Tool)视窗菜单条中点击编辑/设置叠置功能(Edit/Set Overlap Function),打开设置叠置功能(Set Overlap Function)对话框,如图2-22所示。在该对话框中设置以下参数:

- 设置相交关系(Intersection Method)为没有裁切线(No Cutline Exists)。
- 设置重叠区像元灰度计算(Select Function)为均值(Average)。
- 点击应用(Apply)按钮,关闭对话框。

图2-21　Matching Options 对话框

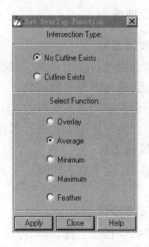

图2-22　Matching Options 对话框

第四步:运行拼接工具

在拼接工具视窗菜单条中,点击处理/运行拼接(Process/Run Mosaic),打开运行拼接(Run Mosaic)对话框(如图2-23),并在其中设置下列参数:

- 确定输出文件名(Output File Name):mosaic. img。
- 确定输出图像区域(Witch Outputs):All。
- 忽略输入图像值(Ignore Input Value):0。
- 忽略图像背景值(Output Background Value):0。
- 忽略输出统计值(Stats Ignore Value):0。
- 点击确定(OK),关闭对话框,运行图像拼接。

第五步:退出拼接工具

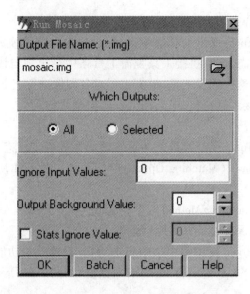

图 2-23　Run Mosaic 对话框

在拼接工具视窗菜单条中,点击文件/关闭(File/close),系统提示是否保存拼接设置,点击否(No),则关闭拼接工具视窗,退出拼接工具。

技能训练 4

1)技能目标

(1)会启动拼接工具并加载拼接图像。

(2)会进行图像叠置调整。

(3)会设置图像匹配参数。

(4)会运行拼接工具进行图像拼接。

2)仪器工具

计算机(配置要求同前),安装 ERDAS IMAGINE 软件,SPOT、Landsat 等预处理过的遥感图像数据。

3)实训步骤

(1)启动拼接工具,加载待拼接图像。

(2)进行图像叠置调整。

(3)设置图像匹配参数。

(4)运行拼接工具。

(5)退出拼接,检查拼接成果。

4)基本要求

以个人为单位进行实训作业,实训教师分别进行指导。

每个学生应该按照上述要求完成相邻两幅图像数据的拼接作业。实训成果按要求保存在指定位置以备实训教师批改。

5)提交成果资料

(1)图像镶嵌成果数据。

(2)实习报告。

2.2.4　遥感图像分幅裁剪的基本知识与操作

1)遥感图像分幅裁剪的基本知识

在处理遥感影像时,经常会根据需要从原始的很大范围的整景遥感影像中得到研究区的较小范围的遥感影像,这就是遥感影像的分幅裁剪。遥感影像的分幅裁剪包括规则分幅裁剪和不规则分幅裁剪。规则裁剪包括矩形、正方形形状的遥感图像裁剪,不规则裁切包括不规则多边形范围的遥感图像裁剪。

2)遥感图像分幅裁剪操作

在 ERDAS IMAGING 软件中,有以下几种方法可进行遥感影像的裁剪,如利用查询框、矩形或多边形 AOI 或 Coverage 矢量格式的界限文件做影像的裁切,裁出符合要求的影像的一部分。用查询框的裁切是用查询框坐标定义的范围来界定。用 AOI 定义的裁切是用 AOI 规则矩形或不规则多边形工具来界定范围。下面分别介绍这几种裁剪的具体步骤。

（1）规则分幅裁剪

规则分幅裁剪是指裁剪图像的边界是一个矩形,通过定义左上角和右下角两点的坐标,就可以确定图像的裁剪位置。

点击 ERDAS IMAGINE 工具条中的数据预处理（Data Pre）图标,打开数据预处理（Data Preparation）菜单,在其中选择裁剪图像（Subset Image）,打开裁剪图像（Subset Image）对话框,如图 2-24 所示。在该对话框中设置下列参数：

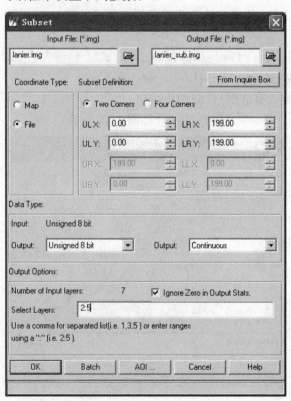

图 2-24　Subset 对话框

- 输入文件名称(Input File):Lanier. img。
- 输出文件名称(Output File):Lanier_sub. img。
- 坐标类型(Coordinate Type):File。
- 裁剪范围(Subset Definition):输入 ULX、ULY、LRX、LRY。
- 输出数据类型(Output Data Type):Unsigned 8 Bit。
- 输出文件类型(Output Layer Type):Continuous。
- 输出统计忽略零值:Ignore Zero In Output Stats。
- 输出像元波段(Select Layers):2:5(表示选择 2,3,4,5 四个波段)。
- 点击确定(OK)则关闭对话框,执行图像裁剪。

需要说明的是,上述裁剪过程中的裁剪范围是通过输入左上角点坐标和右下角点坐标定义的,除了这种定义途径之外,也可以通过应用查询框(Inquire Box)和感兴趣区域(AOI)实现。

(2)不规则分幅裁剪

不规则分幅裁剪是指裁剪图像的边界范围是一个任意多边形,无法通过左上角和右下角两点的坐标确定裁剪位置,而必须事先生成一个完整的闭合多边形区域。

①AOI 多边形裁剪

首先在视窗中打开需要裁剪的图像,并应用 AOI 工具绘制多边形 AOI,可以将多边形 AOI 保存在文件中(∗. aoi)。

按照上述规则裁剪中一样的方法打开裁剪图像(Subset Image)对话框,在其中设置下列参数:

- 输入文件名称(Input File):Lanier. img。
- 输出文件名称(Output File):Lanier_sub. img。
- 应用 AOI 确定裁剪范围:点击 AOI 按钮。
- 打开选择 AOI(Choose AOI)对话框(如图 2-25 所示)。

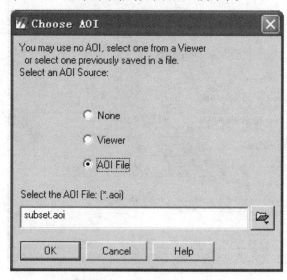

图 2-25　Choose AOI 对话框

- 在选择 AOI 对话框中确定 AOI 的来源(AOI Source):File(或 Viewer)。
- 若选择文件(File),则进一步确定 AOI 文件,否则直接进入下一步。
- 输出数据类型(Output Data Type):Unsigned 8 Bit。
- 输出像元波段(Select Layers):2:5(表示选择 2,3,4,5 四个波段)。
- 点击确定(OK)则关闭对话框,执行图像裁剪。

②ArcInfo 多边形裁剪

若要按照行政区划边界或者自然区划边界进行图像裁剪,往往首先利用 ArcInfo 或者 ER-DAS 的矢量化(Vector)模块绘制精确的边界多边形,然后以这些多边形为界限条件进行图像裁剪。矢量多边形裁剪过程分为两步:

第一步:将矢量多边形转换为栅格图像文件

点击 ERDAS 工具条中的矢量化(Vector)图标,选择矢栅转换(Vector to Raster),打开矢栅转换(Vector to Raster)对话框。在对话框中设置下列参数:

- 输入矢量文件名称(Input Vector File):zone88。
- 确定矢量文件类型(Vector Type):Polygon。
- 使用矢量属性值(Use Attribute Value):ZONE88-ID。
- 输出栅格文件名称(Output Image File):raster. img。
- 栅格数据类型(Data Type):Unsiged 8 bit。
- 栅格文件类型(Layer Type):Thematic。
- 转换范围大小(Size Definition):ULX、ULY、LRX、LRY。
- 坐标单位(Units):Meters。
- 输出像元大小(Cell Size):X:30/Y:30。
- 选择正方形像元:squire Cell。
- 确定(OK),关闭对话框,执行矢栅转换。

第二步:通过掩膜运算实现不规则裁剪

点击 ERDAS 工具条中的解译(Interpreter)图标,从解译(Interpreter)菜单中选择实用程序/掩膜(Utilities/Mask),打开掩膜(Mask)对话框。在该对话框中设置下列参数:

- 输入图像文件名称(Input File):Lanier. img。
- 输入掩膜文件名称(Input Mask File):raster. img。
- 点击 Setup Recode 设置裁剪区域内新值(New Value)为 1,区域外取 0。
- 确定掩膜区域做交集运算:Intersection。
- 输出图像文件名称(Output File):mask. img。
- 输出数据类型(Output Data Type):Unsigned 8bit。
- 确定(OK),关闭对话框,执行掩膜运算。

技能训练 5

1)技能目标

(1)会对遥感图像进行规则分幅。

(2)会对遥感图像进行不规则分幅。

2)仪器工具

计算机(配置要求同前),安装 ERDAS IMAGINE 软件,SPOT、Landsat 等遥感图像数据。

3)实训步骤

(1)遥感图像数据的规则分幅。

(2)遥感图像的不规则分幅。

4)基本要求

以个人为单位进行实训作业,实训教师分别进行指导。

每个学生应该按照上述要求完成相邻两幅图像数据的拼接作业。实训成果按要求保存在指定位置以备实训教师批改。

5)提交成果资料

(1)一幅图像规则裁剪成果数据。

(2)一幅图像不规则裁剪成果数据。

(3)实习报告。

知识能力训练

1.何谓辐射校正? 遥感图像的辐射误差主要由哪些因素引起的?

2.何谓几何校正? 为什么遥感图像要进行几何校正?

3.什么是遥感图像的镶嵌? 镶嵌的图像有何要求?

4.什么是遥感图像的裁剪? 有哪些常见的裁剪方法?

5.试对一幅遥感数据通过直方图匹配法进行相对辐射校正。

6.以一幅已经具有地理参考的遥感数据为基础,对该图像区域的某遥感数据进行几何校正。

7.试对某相邻两幅遥感图像进行镶嵌处理。

8.试对某遥感图像进行规则裁剪和不规则裁剪处理。

学习情境 **3**
遥感专题图制作

主要教学内容

主要介绍遥感图像增强的目的、方法，遥感图像的监督分类和非监督分类原理与方法，遥感专题分类图制作方法；在介绍理论的同时，以 ERDAS IMAGINE 软件为操作平台介绍图像增强、监督分类与非监督分类以及专题制图的具体操作过程。

知识目标

能基本正确陈述图像增强的含义、图像增强的目的以及图像增强的方法，能基本正确陈述监督分类和非监督分类的基本思想和方法。

技能目标

能熟练采用各种图像增强方法进行图像增强处理，能对遥感图像进行监督分类和非监督分类处理，能对分类结果制作专题分类图。

子情境 1 遥感图像增强处理

3.1.1 图像增强处理概述

图像增强是数字图像处理的基本内容。遥感图像增强处理（Enhancement）是遥感图像数字处理的最基本方法之一，其主要目的是为了提高遥感图像的可解译性，突出遥感图像中的有用信息，削弱或除去某些不需要的信息，使图像中感兴趣的特征得以强调，使图像变得清晰，更易判读。在获取图像的过程中，由于多种因素的影响，导致图像质量多少会有些退化。图像增强的实质是增强感兴趣目标和周围背景图像间的反差。它不能增加原始图像的信息，有时反而会损失一些信息。它也是一种计算机自动分类的预处理方法。

79

图像增强的目的在于：

（1）采用一系列技术改善图像的视觉效果，提高图像的清晰度。

（2）将图像转换成一种更适合于人或机器进行分析处理的形式。图像增强并不是以图像保真度为原则，而是通过处理，有选择地突出便于人或机器分析某些感兴趣的信息，抑制一些无用的信息，以提高图像的使用价值。

遥感图像增强处理按照增强的信息内容可分为波谱特性增强、空间特性增强以及时间信息增强三大类。波谱信息增强主要突出灰度信息；空间特性增强主要是对图像中的线、边缘、纹理结构特征进行增强处理；时间信息增强主要针对多时相图像而言，其目的是提取多时相中波谱与空间特征随时间变化的信息。图像增强处理方法就是按照这三种信息的提取而设计的，一些方法只用于特定信息的增强，而抑制或损失了其他的信息。例如，定向滤波是用来增强图像中的线与边缘特征，在增强专题信息的同时，是以牺牲图像中的波谱信息为代价的；一些方法可以用于几种信息的同时增强，例如对比度扩展，对比度扩展能够突出特定的灰度变化信息，同时由于图像对比度的加大，图像中的线与边缘特征也得到了加强。

遥感图像增强处理既可以在空间域进行，也可以在频率域进行。从这个意义上来说，遥感图像的增强处理又可以分为空间域增强和频率域增强两大类。主要内容包括：基于直方图的处理、图像平滑及图像锐化等。空间增强是在图像的空间变量范围内进行的局部计算，使用空间二维卷积方法；频率域增强采用傅立叶分析方法，通过修改原图像的傅立叶变换实现滤波。一般说来，频率域方法与空间域方法实质上没有太大差别，只是频率域的算法计算量相对大些，精度较高，一般无边缘像元点损失，图像显示协调；而以窗口方法的空间域方法，计算简单，易于实现，精度较差，常常要造成图像边缘像元点的损失，图像有不协调之感。

从遥感图像处理的数学形式看，遥感图像的增强处理技术可以分为点处理和邻域处理两大类。点处理是一种比较简单的图像处理形式，点处理基于自己的值，不考虑周围像元的值，把原图像中的每一个像元值，按照特定的数学变换模式转换成输出图像中一个新的灰度值，例如多波段图像处理中的线性扩展、比值、直方图变换等。邻域处理，输出图像的灰度不仅仅与原图像中所对应像元点的灰度值有关，它是针对一个像元点周围的一个小邻域的所有像元而进行的，输出值的大小除与像元点在原图像中的灰度值大小有关外，还决定于它邻近像元点的灰度值大小，这种技术对于每一个输出像元需要处理很多像元。卷积运算、中值滤波、滑动平均等都是邻域处理的例子。

遥感图像特征增强是一个相对的概念，特定的图像增强处理方法往往只强调对某些方面信息的突出，而另一部分信息受到压抑。同时一种图像增强方法的效果好坏，除与算法本身的优劣有一定的关系外，还与图像的数据特征有直接关系。这就是说，很难找到一种算法在任何情况下都是最好的。实际工作中应当根据遥感图像数据特点和工作要求来选择合理的遥感图像增强处理方法。遥感图像增强处理方法很多，但从信息提取的角度看，有些方法彼此之间的差异很小。本子情境介绍遥感图像增强处理中最常用且有效的方法。

3.1.2 对比度增强的基本理论与操作

1）对比度增强的基本理论

人们对于图像的识别主要是通过图像中各个像元之间的亮度（灰度）差异来实现的，由于受生理条件的限制，只有灰度差异达到一定程度时，人眼才能识别地物在图像上的差别。因此,扩大图像的灰度动态范围,也就是说加大图像的对比度,达到使图像信息增强的目的,这就是对比度增强的基本原理。

遥感图像的对比度增强处理是一种点处理方法,与窗口处理方法的不同之处是点处理无边缘损失,窗口处理要损失一些边缘像元。在点处理中,输出图像中每个像元的输出值与原图像中像元点灰度值相对应。如果用 r 和 s 分别表示遥感图像原图灰度值与对比度增强处理后的灰度值,对原始遥感图像进行对比度扩展实际上就是利用一个变换函数 $T(r)$ 把灰度 r 转换为灰度 s,即:$s = T(r)$,这种变换的结果使原始图像的一些区域变亮,一些区域变暗,整个图像的对比度变大。对比度扩展的一种极端情况是把原始图像变成黑、白二值图像,这种处理就是所谓的二值化处理。

（1）拉伸增强概述

图像的拉伸增强是将一幅图像中过于集中的像元值拉开,进行再分配,以增加图像层次,提高图像判读效果。进行反差增强时,首先要对原始图像的灰度直方图有一定的了解,根据直方图的特点和需要,进行某一段落等距均匀地拉开的线性反差增强,或是选择不等距扩展拉开的非线性反差增强,或是进行其他方法的扩展。由于像元值过于集中段的拉伸,必然要削弱或抹掉一部分信息,所以在进行反差增强时,必须随时注意其中的相关变化。对于增强什么,削弱什么,抹掉什么,要做到心中有数。根据需要采用不同方法,以获得满意的图像增强效果。反差增强的常用方法包括线性、非线性扩展和直方图调整等。

（2）直方图均衡化

图像直方图是图像总貌的描述,对图像直方图的形式进行修改可以改善图像的面貌,达到图像增强的目的。这种处理方法的增强效果往往取决于所指定的直方图形式。

直方图均衡是将随机分布的图像直方图修改成均匀分布的直方图（如图 3-1）,又叫拉平扩展,其实质是对图像进行非线性拉伸,重新分配图像像元值,使一定灰度范围内像元的数量大致相等。从数学的观点来看,就是把一个概率密度函数通过某种变换变成均匀分布的随机概率密度函数,这方面有相关的定理说明。由于数字图像是离散的,一般通过累加的方式实现,可以用累积直方图来图解求解。

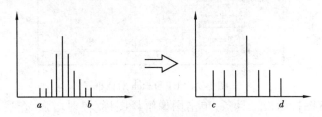

图 3-1   直方图均衡化

直方图均衡化后每个灰度级的像元数,理论上应相等,实际上只是近似相等,因为遥感图像并非非常好的随机变量,地物之间有很大的相关性。均衡后的结果,原图像上频率小的灰度级被合并,频率高的灰度级被保留,因此可以增强图像上大面积地物与周围地物的反差。

（3）直方图匹配

直方图匹配又称直方图规定化,是把原图像的直方图变换为某种指定形态的直方图或某一参考图像的直方图,然后按照己知直方图调整原图像各像元的灰度值,最后得到一幅直方图匹配的图像。直方图匹配对在不同时间获取的同一地区或邻接地区的图像,或者由于太阳角度或大气影响引起差异的图像很有用,特别是图像镶嵌或变化检测。

为了使直方图匹配获得好的结果,两幅图像应有相似的特性:

①图像直方图总体形状应类似。

②图像中黑与亮特征应相同。

③图像上地物分布应相同,尤其是不同地区的图像匹配。

如果一幅图像里有云,另一幅没有云,那么在直方图匹配前,应将其中一幅里的云去掉。

2)对比度增强处理操作

(1)查找表拉伸

查找表拉伸(LUT Stretch)是遥感图像对比度拉伸的总和,是通过修改图像查找表(Lookup Table)使输出图像值发生变化。根据您对查找表的定义,可以实现线性拉伸、分段线性拉伸和非线性拉伸等处理。菜单中的查找表拉伸功能是由空间模型(LUT_stretch. gmd)支持运行的,您可以根据自己的需要随时修改查找表(在 LUT Stretch 对话框中单击 View 按钮进入模型生成器窗口,双击查找表进入编辑状态),实现遥感图像的查找表拉伸。

在 ERDAS 图标面板菜单条,单击主菜单/图像解译/辐射增强/查找表拉伸(Main/Image Interpreter/Radiometric Enhancement/LUT Stretch)命令,打开查找表拉伸(LUT Stretch)对话框(图 3-2)。

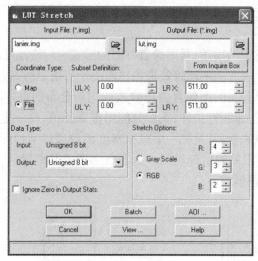

图 3-2   LUT Stretch 对话框

或者在 ERDAS 图标面板工具条,单击图像解译图标/辐射增强/查找表拉伸(Interpreter/Radiometric Enhancement/LUT Stretch)命令,打开 LUT Stretch 对话框。

在 LUT Stretch 对话框中,需要设置下列参数:

- 确定输入文件(Input File)为 lanier. img。
- 定义输出文件(Output File)为 lut. img。
- 文件坐标类型(Coordinate Type)为 File。
- 处理范围确定(Subset Definition),在 ULX／Y、LRX／Y 微调框中输入需要的数值,其默认状态为整个图像范围,可以应用 Inquire Box 定义子区。
- 输出数据类型(Output Data Type)为 Unsigned 8 bit。

- 确定拉伸选择(Stretch Options)为 RGB(多波段图像、红绿蓝)或 Gray Scale(单波段图像)。
- 单击视窗(View)按钮,打开模型生成器窗口,浏览拉伸(Stretch)功能的空间模型。
- 双击自定义表(Custom Table),进入查找表编辑状态,根据需要修改查找表。
- 单击确定(OK)按钮,关闭查找表定义对话框,退出查找表编辑状态。
- 单击文件/关闭所有文件(File/Close All)命令,退出模型生成器窗口。
- 单击确定(OK)按钮,关闭查找表拉伸(LUT Stretch)对话框,执行查找表拉伸处理。

(2)直方图均衡化

直方图均衡化(Histogram Equalization)又称直方图平坦化,实质上是对图像进行非线性拉伸,重新分配图像像元值,使一定灰度范围内像元的数量大致相等。这样,原来直方图中间的峰顶部分对比度得到增强,而两侧的谷底部分对比度降低,输出图像的直方图是一个较平的分段直方图;如果输出数据分段值较小,则会产生粗略分类的视觉效果。

在 ERDAS 图标面板菜单条,单击主菜单/图像解译/辐射增强/直方图均衡(Main/Image Interpreter/Radiometric Enhancement/Histogram Equalization)命令,打开直方图均衡(Histogram Equalization)对话框(图 3-3)。

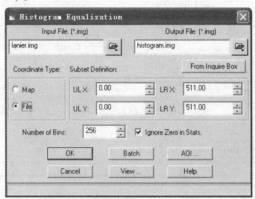

图 3-3　Histogram Equalization 对话框

或者在 ERDAS 图标面板工具条,单击图像解译图标/辐射增强/直方图均衡(Interpreter/Radiometric Enhancement/Histogram Equalization)命令,打开 Histogram Equalization 对话框。

在 Histogram Equalization 对话框中,需要设置下列参数:

- 确定输入文件(Input File)为 lanier. img。
- 定义输出文件(Output File)为 histogram. img。
- 文件坐标类型(Coordinate Type)为 File。
- 处理范围确定(Subset Definition),在 ULX / Y、LRX / Y 微调框中输入需要的数值,其默认状态为整个图像范围,可以应用查询框(Inquire Box)定义子区。
- 输出数据分段(Number of Bins)为 256,也可以小一些。
- 输出数据统计时忽略零值,选中 Ignore Zero in Stats 复选框。
- 单击视窗(View)按钮打开模型生成器窗口,浏览均衡化(Equalization)空间模型。
- 单击文件/关闭所有文件(File/Close All)命令,退出模型生成器窗口。
- 单击确定(OK)按钮,关闭直方图均衡(Histogram Equalization)对话框,执行直方图均衡化处理。

(3)直方图匹配

直方图匹配(Histogram Match)是对图像查找表进行数学变换,使一幅图像某个波段的直方图与另一幅图像对应波段类似,或使一幅图像所有波段的直方图与另一幅图像所有对应波段类似。直方图匹配经常作为相邻图像拼接或应用多时相遥感图像进行动态变化研究的预处理工作,通过直方图匹配可以部分消除由于太阳高度角或大气影响造成的相邻图像的效果差异。

在 ERDAS 图标面板菜单条,单击主菜单/图像解译/辐射增强/直方图匹配(Main/Image Interpreter/Radiometric Enhancement/Histogram Matching)命令,打开直方图匹配(Histogram Matching)对话框(图3-4)。

或者在 ERDAS 图标面板工具条,单击图像解译图标/辐射增强/直方图匹配(Interpreter/Radiometric Enhancement/Histogram Matching)命令,打开直方图匹配(Histogram Matching)对话框。

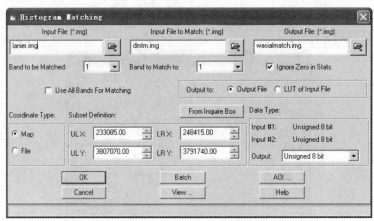

图3-4　Histogram Matching 对话框

在 Histogram Matching 对话框中,需要设置下列参数:

- 输入匹配文件(Input File)为 lanier. img。

- 匹配参考文件(Input File to Match)为 dmtm. img。

- 匹配输出文件(Output File)为 wasialmatch. img,也可以直接将匹配结果输出到图像查找表中,即 LUT of Input File。

- 选择匹配波段(Band to be Matched)为1。

- 匹配参考波段(Band to Match to)为1,也可以对图像的所有波段进行匹配:Use All Bands for Matching。

- 文件坐标类型(Coordinate Type)为 File。

- 处理范围确定(Subset Definition),在 ULX／Y、LRX／Y 微调框中输入需要的数值,其默认状态为整个图像范围,可以应用查询框(Inquire Box)定义子区。

- 输出数据统计时忽略零值,选中 Ignore Zero in Stats 复选框。

- 输出数据类型(Output Data Type)为 Unsigned 8 bit。

- 单击视窗(View)按钮打开模型生成器窗口,浏览匹配(Matching)空间模型。

- 单击文件/关闭所有文件(File/Close All)命令,退出模型生成器窗口。
- 单击确定(OK)按钮,关闭直方图匹配(Histogram Matching)对话框,执行直方图匹配处理。

技能训练 1

1)技能目标

(1)会对一幅图像进行拉伸增强处理。

(2)会对一幅遥感图像进行直方图均衡处理。

(3)会对一幅遥感图像进行直方图匹配处理。

2)仪器工具

计算机(配置要求同前),安装 ERDAS IMAGINE 软件,SPOT、Landsat 等遥感图像数据。

3)实训步骤

(1)拉伸增强处理。

(2)直方图均衡处理。

(3)直方图匹配处理。

4)基本要求

以个人为单位进行实训作业,实训教师分别进行指导。

每个学生应该按照上述要求完成对比度增强处理作业。实训成果按要求保存在指定位置以备实训教师批改。

5)提交成果资料

(1)一幅拉伸处理成果。

(2)一幅直方图均衡处理成果。

(3)一幅直方图匹配处理成果。

(4)实习报告。

3.1.3　图像平滑的基本理论与操作

1)图像平滑的基本理论

图像平滑也叫低通滤波,目的在于消除图像中各种干扰噪声,使图像中高频成分消退,平滑掉图像的细节,使其反差降低,保存低频成分。平滑往往使图像产生模糊的效果。在遥感图像中亮度变化突然或变化幅度较大时,通过平滑可减少变化梯度,使亮度平缓渐变。在资源遥感影像处理时,如突出水系,需要滤去比水系更细微的信息。图 3-5 和图 3-6 为平滑处理前后的对比图。

(1)遥感图像的空间频率

遥感图像的空间频率即连续像元值的最高与最低值的差。Jensen 定义空间频率为"对影像的特定部分,单位距离内亮度值的变化数量"。如果一幅遥感图像其所有像元都有相同的数字值,则它的空间频率为零(图 3-7a);如果一幅遥感图像是由黑白像元这两种像元组成的,则它具有很高的空间频率(图 3-7c);如果一幅遥感图像由黑、白、灰缓慢渐变的不同灰度的像元组成,则它的空间频率较低(图 3-7b)。

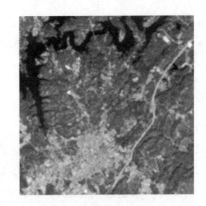

图 3-5　原图　　　　　　　　　　　　　　　　图 3-6　经过平滑处理后的图

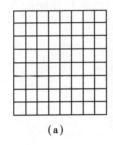  

（a）　　　　　　　　　　（b）　　　　　　　　　　（c）

图 3-7　遥感图像的不同空间频率

图像的背景如河流、主干及大型线性构造等亮度变化是渐变的（边缘变化除外）、区域性的，它们往往与图像中的低频相对应；而一些小地貌变化、小断裂的发育、岩石蚀变往往是在图像亮度的突变处，与图像中高频密切相关。由于研究目的不同，有时需要突出主干区域性断裂的分布特征，有时则需要增强局部变化信息，前者可以通过压抑高频，增强低频成分的方法来实现，称为图像的平滑，保留主干、粗结构；后者可以用增强高频成分的方法来实现，称之为图像的尖锐化，以突出边缘、线条、纹理、细节。此处将先介绍遥感图像的平滑处理方法，图像锐化处理方法将在下一个问题中介绍。

在学习遥感图像的平滑处理方法之前，应先了解一下滤波和傅立叶变换。

（2）滤波（Filtering）

滤波是指在图像空间 (x,y) 或者空间频率域 (ξ,η) 对输入图像应用若干滤波函数而获得改进的输出图像的技术。其效果有噪声的消除、边缘及线的增强、图像的清晰化等。滤波是一个范围很大的术语，指影像增强时空间或光谱特征的改变。

①图像空间域的滤波

对数字图像来说，空间域滤波是通过局部性的积和运算（也叫卷积）而进行的，通常采用 nxn 的矩阵算子（也叫算子）作为卷积函数。

卷积滤波是一个在影像中平均化一个小像元集合的过程，用于改变一个像元的空间频率特性。卷积核是一个数值矩阵，用于以特定方法用周围像元的值平均化每个像元的值。矩阵中数值用于对特定像元的值作权重。卷积滤波是空间滤波的方法之一。

卷积公式为：

$$V = \left[\frac{\sum\limits_{i=1}^{q} \left(\sum\limits_{j=1}^{q} f_{ij} \cdot d_{ij} \right)}{F} \right] \qquad (3\text{-}1)$$

式中 V——输出像元值；

f_{ij}——卷积核系数；

d_{ij}——对应像元的值；

q——卷积核维数；

F——卷积核中各元素的和。

卷积计算就是卷积核的每个值乘以与之对应的影像像元值的总和再除以卷积核中所有值的总和,最后取整。要理解一个像元是怎样卷积的,想象一下卷积核叠加在影像(一个波段)的数据文件值上,因此要卷积的像元在窗口的中心。如图3-8所示3×3卷积核应用到样本数据中第三行、第三列的像元(对应卷积核中心的像元)上。

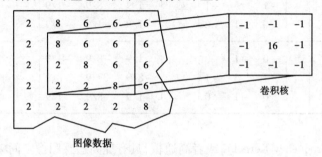

图像数据   卷积核

图 3-8 卷积核应用于遥感图像

"8"这个像元的输出值的卷积计算公式为:

$$\frac{(-1\times8)+(-1\times6)+(-1\times6)+(-1\times2)+16\times8+(-1\times6)+(-1\times2)+(-1\times2)+(-1\times8)}{(-1\times8)+16} =$$

$$\frac{88}{8}=11$$

典型的算子和图像增强的目的如表3-1所示。一般来说,因为图像数据量很大,所以经常采用3×3的算子,但有时也采用5×5及7×7的算子。

表 3-1 3×3 的空间滤波

空间滤波	3×3 的算子	效 果
Sobel	$\lvert A \rvert + \lvert B \rvert$ 或 $\sqrt{A^2+B^2}$ $A = \begin{bmatrix} -1 & 0 & -1 \\ -2 & 0 & 2 \\ -1 & 0 & 1 \end{bmatrix} \quad B = \begin{bmatrix} -1 & -2 & -1 \\ 0 & 0 & 0 \\ 1 & 2 & 1 \end{bmatrix}$	梯度 (差分)
Prewitt	$\lvert A \rvert + \lvert B \rvert$ 或 $\sqrt{A^2+B^2}$ $A = \begin{bmatrix} -1 & 0 & 1 \\ -1 & 0 & 1 \\ -1 & 0 & 1 \end{bmatrix} \quad B = \begin{bmatrix} -1 & -1 & -1 \\ 0 & 0 & 0 \\ 1 & 2 & 1 \end{bmatrix}$	梯度 (差分)

续表

空间滤波	3×3 的算子	效 果
拉普拉斯算子	$\begin{bmatrix} 0 & 1 & 0 \\ 1 & -4 & 1 \\ 0 & 1 & 0 \end{bmatrix}$ 或 $\begin{bmatrix} 1 & 1 & 1 \\ 1 & -8 & 1 \\ 1 & 1 & 1 \end{bmatrix}$	微分
平滑化	$\begin{bmatrix} 1/9 & 1/9 & 1/9 \\ 1/9 & 1/9 & 1/9 \\ 1/9 & 1/9 & 1/9 \end{bmatrix}$ 或 $\begin{bmatrix} 0 & 1/5 & 0 \\ 1/5 & 1/5 & 1/5 \\ 0 & 1/5 & 0 \end{bmatrix}$	平滑化
中值滤波	用 3×3 的直方图的中间值置换	噪声消除
高通滤波	$\begin{bmatrix} 0 & -1 & 0 \\ -1 & 5 & -1 \\ 0 & -1 & 0 \end{bmatrix}$ 或 $\begin{bmatrix} -1/9 & -1/9 & -1/9 \\ -1/9 & 8/9 & -1/9 \\ -1/9 & -1/9 & -1/9 \end{bmatrix}$	边缘增强
清晰化	$\begin{bmatrix} 0 & -1 & 0 \\ -1 & 5 & -1 \\ 0 & -1 & 0 \end{bmatrix}$ 或 $\begin{bmatrix} 1/9 & -8/9 & -1/9 \\ -8/9 & 37/9 & -8/9 \\ 1/9 & -8/9 & 1/9 \end{bmatrix}$	鲜明的图像

高频核(High Frequency Kernel),或者高通核,具有提高遥感图像空间频率的效果。图 3-8 中的卷积核就是高通核。高通核用做边缘增强,因为它产生同质像元组之间的边缘。有必要指出的是,高通核使相对较低的像元值变得更低,较高的像元值变得更高,从而提高了影像的空间频率。如卷积核 $\begin{bmatrix} -1 & 16 & -1 \\ -1 & 16 & -1 \\ -1 & 16 & -1 \end{bmatrix}$,当这个核用在低值被高值包围的一组像元上时,低值变得更低。相反,当这个核用在高值被低值包围的一组像元上时,高值变得更高。如遥感图像 $\begin{bmatrix} 204 & 200 & 197 \\ 201 & 100 & 209 \\ 198 & 200 & 210 \end{bmatrix}$ 被这个高通卷积核滤波之后,值变为 $\begin{bmatrix} 204 & 200 & 197 \\ 201 & 9 & 209 \\ 198 & 200 & 210 \end{bmatrix}$;再如遥感图像 $\begin{bmatrix} 64 & 60 & 57 \\ 61 & 125 & 69 \\ 58 & 60 & 70 \end{bmatrix}$ 被这个高通卷积核滤波之后,值变为 $\begin{bmatrix} 64 & 60 & 57 \\ 61 & 187 & 69 \\ 58 & 60 & 70 \end{bmatrix}$,在以上任何情况下,这个卷积核提高了空间频率,因此它是高通核。

和为零的卷积核即卷积核中所有系数的和为零,如 $\begin{bmatrix} -1 & 0 & 1 \\ 1 & 0 & -1 \\ -1 & 0 & 1 \end{bmatrix}$。和为零时,卷积公式中的分母为零,此时分母设为1。此核通常使输出值为:在所有输入值相等的区域(无边缘)输出值为0;在空间频率低的区域输出值更低;在空间频率高的区域输出值走向极端,即低值变得更低,高值变得更高。因此,和为零的卷积核是一个边缘检测器(Edge Detector),通常能消除或归零出低空间频率的区域,以及在高空间频率区产生鲜明对比,结果影像仅包括边缘和零值。和为零的卷积核有助于特定方向检测边缘，如 $\begin{bmatrix} -1 & -1 & -1 \\ 1 & -2 & 1 \\ 1 & 1 & 1 \end{bmatrix}$ 有助于检测最南部方向。

②频率域的滤波

频率域的滤波是用傅立叶变换之积的形式表示，如下式：

$$G(\xi,\eta) = F(\xi,\eta) \times H(\xi,\eta) \tag{3-2}$$

式中　F——原图像的傅立叶变换；

　　　H——滤波函数；

　　　G——输出图像的傅立叶变换。

对 G 进行逆变换就可以得到滤波后的图像。

滤波函数有低通滤波、高通滤波、带通滤波等。低通滤波用于仅让低频的空间频率成分通过而消除高频成分的场合，由于图像的噪声成分多数包含在高频成分中，所以可用于噪声的消除。高通滤波仅让高频成分通过，可应用于目标物轮廓等的增强。带通滤波由于仅保留一定的频率成分，所以可用于提取、消除每隔一定间隔出现的干涉条纹的噪声。

（3）遥感图像平滑处理的方法

遥感图像平滑处理的方法主要包括空间域的低通滤波、滑动平均法、中值滤波、阈值滑动平均法和频率域低通滤波法等。

①空间域的低通滤波

用低频核或低通核 $\begin{bmatrix} 1 & 1 & 1 \\ 1 & 1 & 1 \\ 1 & 1 & 1 \end{bmatrix}$，能降低遥感图像的空间频率。这个核平均化像元的值，使

它们变得更同质（低空间频率），结果影像看起来更平滑或更模糊。

②滑动平均法

滑动平均法就是把输入图像中像元 (i,j) 的邻域（$N \times N$ 的窗口）平均灰度作为输出图像中像元 (i,j) 的灰度值。用这种方法可以降低由于图像中的噪声而引起的灰度偏差。邻域的大小与平滑的效果直接有关，邻域越大平滑的效果也就越好；但邻域过大，平滑使边缘信息损失也就越大，从而可能使输出图像变得模糊。滑动平均法能降低图像中的噪声，但窗口过大也可能引起图像模糊，因此要合理选择邻域的大小。

③中值滤波

中值滤波就是把局部 $N \times N$ 区域中的中间亮度值作为区域中心点像元的亮度值。当取定的局部区域为 3×3 的正方形时，区域共有 9 个灰度值按照从小到大的顺序排列，其中的第五个就是区域中心像元点的输出亮度值。例如有一个 3×3 局部窗口，它的 9 个像元的亮度值是：

100	102	90
101	105	88
121	100	101

把这 9 个像元按照从小到大的顺序排列，则有 88,90,100,100,101,101,102,105,121,

排在第五的灰度值是 101,则中值滤波窗口中心点的灰度值由原图像的 105 变为 101。再如下面的数字图像:

$$
\begin{array}{cccc}
2 & 3 & 2 & 1 \\
0 & 1 & 9 & 3 \\
0 & 3 & 1 & 4 \\
3 & 5 & 7 & 6
\end{array}
$$

经 1×3 窗口中值滤波之后变为:

$$
\begin{array}{cccc}
2 & 2 & 2 & 1 \\
0 & 1 & 3 & 3 \\
0 & 1 & 3 & 4 \\
3 & 5 & 6 & 6
\end{array}
$$

中值滤波是一个非线性滤波,能在平滑的基础上很大程度地防止边缘模糊,这是它优于滑动平均法的地方。

④阈值滑动平均法

阈值滑动平均法是一种有选择的局部平均法,是一种带阈值的滑动平均处理。计算过程如下:首先设定一个阈值 T,并按照滑动平均法计算窗口内像元的灰度平均值 X;计算 X 与窗口中心像元点灰度值的绝对差 D;比较 D 与 T 的大小,如果 $D > T$,则窗口中心像元的输出灰度值等于窗口内像元灰度的平均值;如果 $D \leqslant T$,则窗口中心像元灰度值保持不变。有选择的滑动平均法,可以使边缘信息损失减少,减轻输出图像的模糊效应。

⑤频率域低通滤波法

为了削弱边缘、线条、噪声等高频信息而保留较为平滑的图像即低频信息,必须设计一种传递函数,使其在频率域内起到滤波器的作用,阻止或抑制高频信息而让低频信息通过,这种滤波器叫做低通滤波器,它可以起到平滑图像的作用。

频率域低通滤波处理的程序是,首先计算图像的傅立叶变换(从空间域转换到频率域,即从 RGB 彩色图像转换到各种频率二维正弦波傅立叶图像),然后在频率域中用低通滤波器对图像进行滤波处理,抑制图像中的高频成分;最后把频率域低通滤波结果进行傅立叶逆变换再回到空间域中。

2)图像平滑操作

在 ERDAS 图标面板菜单条,单击主菜单/图像解译/空间增强/卷积处理(Main/Image Interpreter/Spatial Enhancement/Convolution)命令,打开卷积处理(Convolution)对话框(图 3-9)。

或者在 ERDAS 图标面板工具条,单击图像解译图标/空间增强/卷积处理(Interpreter/Spatial Enhancement/Convolution)命令,打开卷积处理(Convolution)对话框。

在 Convolution 对话框中,需要设置下列参数:

- 确定输入文件(Input File)为 lanier. img。
- 定义输出文件(Output File)为 lowpass. img。
- 选择卷积算子(Kernel Selection)。

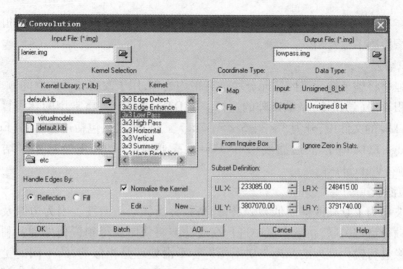

图 3-9 Convolution 对话框

- 卷积算子文件(Kernel Library)为 default. klb。
- 卷积算子类型(Kernel)为 3 × 3 Low Pass。
- 边缘处理方法(Handle Edges by)为 Reflection。
- 卷积归一化处理,选中 Normalize the Kernel 复选框。
- 文件坐标类型(Coordinate Type)为 Map。
- 输出数据类型(Output Data Type)为 Unsigned 8 bit。
- 单击确定(OK)按钮,关闭卷积处理(Convolution)对话框,执行图像平滑处理。

3.1.4 图像锐化的基本理论与操作

1)图像锐化的基本理论

图像平滑往往使图像中的边界、轮廓变的模糊,为了减少这类不利效果的影响,这就需要利用图像锐化技术,使图像的边缘变得清晰。

锐化(Sharpening)也叫高通滤波(High Pass Filter),主要是增强图像中的高频成分,突出图像的边缘信息,提高图像细节的反差,所以也叫边缘增强,其结果与平滑相反。锐化处理在增强图像边缘的同时增加了图像的噪声。图像锐化处理的目的就是为了使图像的边缘、轮廓线以及图像的细节变的清晰。经过平滑的图像变得模糊的根本原因是因为图像受到了平均或积分运算,因此可以对其进行逆运算(如微分运算)就可以使图像变的清晰。从频率域来考虑,图像模糊的实质是因为其高频分量被衰减,因此可以用高通滤波器来使图像清晰。图 3-5 经过锐化处理后,如图3-10所示。

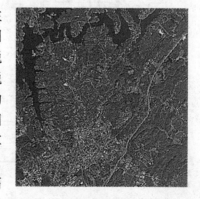

图 3-10 锐化

常用的锐化模板是拉普拉斯(Laplacian)模板,拉普拉斯是个数学家的名字。拉普拉斯模板的作法是:先将自身与周围的 8 个像素相减,表示自身与周围像素的差别;再将这个差别加上自身作为新像素的灰度。可见,如果一片暗区出现了一个亮点,那么锐化处理的结果是这个亮点变得更亮,增加了图像的噪声。因为图像中的边缘就是那些灰度发生跳变的区域,所以锐化模板在边缘检测中很有用。

(1)卷积增强

卷积增强是将整个像元按照像元分块进行平均处理,用于改变图像的空间频率特征,处理的关键是卷积算子(卷积核)系数矩阵的选择。ERDAS IMAGINE 将常用的卷积算子放在一个名为 Default.klb 的文件中,分为 3×3、5×5、7×7 三组,每组又包括边缘检测(Edge Detect)、边缘增强(Edge Enhance)、低通滤波(Low Pass)、高通滤波(High Pass)、水平增强(Horizontal)、垂直增强(Vertical)等。

(2)高通滤波

高通滤波是为了衰减或抑制低频分量,让高频分量畅通的滤波。因为边缘及灰度急剧变化部分与高频分量相关联,在频率域中进行高通滤波将使图像得到锐化处理。利用频率域技术对遥感图像进行锐化处理的原理与对图像进行平滑处理是相似的,所不同的是平滑处理用的是低通滤波器,而锐化处理用的是高通滤波器。与低通滤波法完全相反,高通滤波法是设计一种传递函数,使其在频率域中让高频信息通过而阻止低频信息,以起到高通滤波器的作用,达到突出图像边缘信息,加大对比度,实现图像锐化的目的。

常用于图像边缘与特征增强的高通滤波器有理想滤波器、Butterworth 滤波器、指数滤波器以及梯形滤波器等。

2)图像锐化操作

(1)卷积增强处理

在 ERDAS 图标面板菜单条,单击主菜单/图像解译/空间增强/卷积处理(Main/Image Interpreter/Spatial Enhancement/Convolution)命令,打开 Convolution 对话框(图 3-11)。

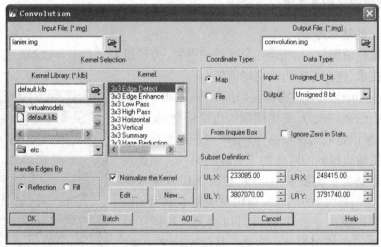

图 3-11 Convolution 对话框

或者在 ERDAS 图标面板工具条,单击图像解译图标/空间增强/卷积处理(Interpreter 图标/Spatial Enhancement/Convolution)命令,打开卷积处理(Convolution)对话框。

在 Convolution 对话框中,需要设置下列参数:
- 确定输入文件(Input File)为 lanier.img。
- 定义输出文件(Output File)为 convolution.img。

- 选择卷积算子(Kernel Selection)。
- 卷积算子文件(Kernel Library)为 default. klb。
- 卷积算子类型(Kernel)为 3 × 3 Edge Detect。
- 边缘处理方法(Handle Edges by)为 Reflection。
- 卷积归一化处理,选中 Normalize the Kernel 复选框。
- 文件坐标类型(Coordinate Type)为 Map。
- 输出数据类型(Output Data Type)为 Unsigned 8 bit。
- 单击确定(OK)按钮,关闭卷积处理(Convolution)对话框,执行卷积增强处理。

(2)锐化增强处理

锐化增强处理(Crisp Enhancement)实质上是通过对图像进行卷积滤波处理,使整景图像的亮度得到增强而不使其专题内容发生变化,从而达到图像增强的目的。根据其底层的处理过程,又可以分为两种方法:其一是根据自己定义的矩阵(Custom Matrix)直接对图像进行卷积处理(空间模型为 Crisp-greyscale. gmd);其二是首先对图像进行主成分变换,并对第一主成分进行卷积滤波,然后再进行主成分逆变换(空间模型为 Crip-Minmax. gmd)。由于上述变换过程是在底层的空间模型支持下完成的,因此操作比较简单。

在 ERDAS 图标面板菜单条,单击主菜单/图像解译/空间增强/图像锐化(Main/Image Interpreter/Spatial Enhancement/Crisp)命令,打开图像锐化(Crisp)对话框对话框(图 3-12)。

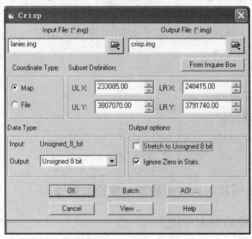

图 3-12　Crisp 对话框

或者在 ERDAS 图标面板工具条,单击图像解译图标/空间增强/平滑(Interpreter 图标/Spatial Enhancement/Crisp)命令,打开图像锐化(Crisp)对话框。

在 Crisp 对话框中,需要设置下列参数:

- 确定输入文件(Input File)为 lanier. img。
- 定义输出文件(Output File)为 crisp. img。
- 文件坐标类型(Coordinate Type)为 Map。
- 处理范围确定(Subset Definition),在 ULX / Y、LRX / Y 微调框中分别输入需要的数值,其默认状态为整个图像范围,可以应用 Inquire Box 定义子区。
- 输出数据类型(Output Data Type)为 Unsigned 8 bit。

- 输出数据统计时忽略零值,选中 Ignore Zero in Stats 复选框。
- 单击视窗(View)按钮打开模型生成器窗口,浏览 Crisp 功能的空间模型。
- 单击文件/关闭所有文件(File/Close All)命令,退出模型生成器窗口。
- 单击确定(OK)按钮,关闭锐化(Crisp)对话框,执行锐化增强处理。

技能训练 2

1)技能目标

(1)会对一幅遥感图像进行低通滤波处理。

(2)会对一幅遥感图像进行卷积增强处理。

(3)会对一幅遥感图像进行锐化增强处理。

2)仪器工具

计算机(配置要求同前),安装 ERDAS IMAGINE 软件,SPOT、Landsat 等遥感图像数据。

3)实训步骤

(1)低通滤波处理。

(2)卷积增强处理。

(3)锐化增强处理。

4)基本要求

以个人为单位进行实训作业,实训教师分别进行指导。

每个学生应该按照上述要求完成图像平滑和图像锐化增强处理作业。实训成果按要求保存在指定位置以备实训教师批改。

5)提交成果资料

(1)一幅低通滤波处理成果。

(2)一幅卷积增强处理成果。

(3)一幅锐化增强处理成果。

(4)实习报告。

3.1.5　多波段图像增强和彩色增强的基本理论与操作

1)多波段图像增强处理的基本理论

比值法和差值法适用于对多波段图像或多日期图像进行增强处理,突出不同地物的波谱特征差别或不同时相影像特征的变化。

波谱特征显著不同的地物之间的差异在经过适当的反差扩展的单波段图像及假彩色图像上很容易识别。但对于波谱特征差别很小,或者随时间变化很小的地物,就需要用两个波段或不同时相的图像亮度值的比值或差值,才能充分显示其差别。

(1)比值法

比值法是两个不同波段的遥感图像,经过配准后像元值对应相除的运算(须保证除数不为零),相除以后会出现小数,可以乘以系数并取整,调整到显示设备允许的动态范围内。设 $f_R(x,y)$ 为比值图像,两幅图像为 $f_1(x,y)$ 与 $f_2(x,y)$,则:

$$f_R(x,y) = \text{INT}\left[a\frac{f_1(x,y)}{f_2(x,y)}\right]$$

为加强视觉效果,还可以进一步利用辐射增强技术,如对数变换等。有时,比值处理后会增强图像中原有的某些噪声,处理时需要注意。

进行遥感图像比值处理的原因有:

①用于卫星和航空多光谱影像的阴影影响减到最小。光照条件的变化(由地形的阴阳坡、云层等引起),使本属于同一地物(如植被)的图像亮度值发生变化,尤其在山区,给影像的判读解译造成困难。但同一地物的某种亮度比值保持不变,因此比值图像能消除某些干扰因素,突出目标信息。如水和沙滩在 TM 的第 4 和第 7 这两个波段的灰度值很接近,但它们的比值可以很容易地区分这两类地物(表3-2)。

表 3-2　水和沙滩的比值比较

波　段	水	沙　滩
4	16	17
7	1	4
4/7	16	4.25

②广泛应用于矿物探测和植被分析以反映各种矿物类型或植被类型的微小差别。如 TM5/TM7 可区分黏土矿物,TM3/TM1 可区分铁氧化物,TM5/TM4 可区分含铁矿物等。利用比值图像使各类地物的均值拉开,方差缩小,以利于分类。有些文献认为 TM5/TM4 和 TM7/TM5 的比值图像可以很容易地把铁帽和植被区分开来(图3-13)。

③用一个波段和两个比值图像的彩色合成可以突出某些地物,从而提取目标信息。最佳比值图像的选择是比值图像处理的一个重要问题。对 TM 的 6 个波段进行比值处理,可产生 30 个简单的比值图像。最佳比值图像的选择是以波谱资料为依据,选择有利于识别区内不同地物的最佳波段,再做比值处理。

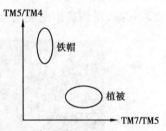

图 3-13　比值图像区分地物

(2)差值法

差值运算就是两幅同样大小的图像对应像元的灰度值相减。对于同一地区两个不同波段的图像,通过减法运算可以增加不同地物间光谱反射差异及在两个波段上变化趋势相反时的反差。而当对两个不同时相同一波段图像相减时,可以提取地面目标的变化信息。差值图像提供了图像间的差异信息,能用于指导动态监测、运动目标检测和跟踪、图像背景消除及目标识别等工作。

两幅单波段的图像,在完成空间配准后作差值运算,可以达到某种增强的效果。相减后的像元值可能出现负值,找到绝对值最大的负值 $-b$,将每个像元的值加上这个绝对值 b,使所有的值成为零或正值,以便显示器可以显示图像。如果得到的值超出了设备允许的动态范围,例如动态范围为 $0 \sim 255$,而求得的值变为正数后大于 255,则需要乘以一正数系数 a,保证数据在设备的动态范围之内。设差值运算后的图像为 $f_D(x,y)$,两幅图像为 $f_1(x,y)$ 与 $f_2(x,y)$,则:

$$f_D(x,y) = a\{[f_1(x,y) - f_2(x,y)] + b\} \tag{3-3}$$

处理后的图像如显示不好,可以作进一步的辐射增强以加强视觉效果。

差值运算的目的主要有:

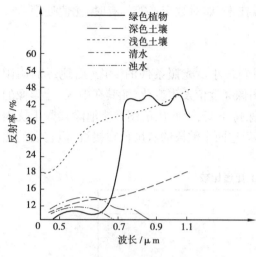

图 3-14　几种地物的反射光谱曲线

① 根据光谱差异区分出某些类别

若同时相两个不同波段的图像是完全配准了的，同时都完成了辐射校正，可以认为，对应像元的差值反映了同一地物光谱反射率的差异。图 3-14 是几种地物的反射光谱曲线，假定用 MSS 分析，那么在第 4 波段（0.8~1.1 μm），植被和浅色土壤反射率接近，无法从图像上分开；而在第 1 和第 2 波段，植被又和深色土壤反射率接近，无法从图像上分开。这时如果作 MSS4-MSS2 的差值运算，由于植被光谱曲线的差值最大，其他土壤和水的反射率在这两个波段差异较小，因此在差值图像上植被的亮度将明显高于其他四种，从而很容易区分植被分布。当然，如果图像上还有其他地物，需放在一起分析以决定差值的方案。

② 确定一定时间内的变化

同一地区不同时相的影像，经过配准后相减，可以找到地物的明显变化（图 3-15）。例如森林火灾发生前后的变化，火灾发生前森林的位置，在另一幅不同时相的影像上不见了，出现另一种灰度值，经过相减可以通过高亮度找到明显变化的位置，特别是对于不同年份同一季节的图像，可突出火灾区。如使用彩色突出，效果会更好。有时，也可以用两幅彩色合成图像对应波段相减，得到突出变化的新彩色图像。

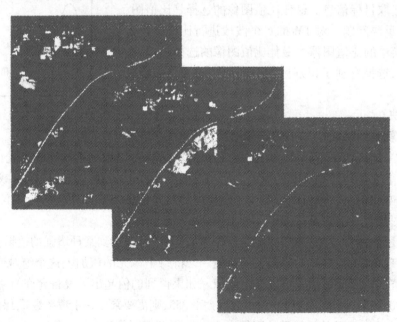

图 3-15　土地利用变化（增加和减少）

2）彩色增强的基本理论

人眼对灰度级别的分辨能力是有限的，至多能分辨 20 多级，但对色彩差异的分辨能力却要高得多，所以，可以使用不同的彩色和色调的变化来代替图像上黑白灰度级别的变换，以增强对图像的判读能力。

（1）假彩色合成

在遥感图像处理中，假彩色合成是应用最广泛的彩色增强处理方法。在数字图像处理系统中，任何三个通道分别用蓝、绿、红三原色做彩色合成显示是最基本的显示功能。图像处理中最主要的工作是选择哪三个波段或已处理的分量作为假彩色处理用的分量，以便使假彩色增强处理的效果最佳。构成假彩色合成的三个分量可以是任何经过其他增强处理和变换的图像，例如比值图像、主成分图像等。在遥感图像处理中，经常用到一种所谓异频组合的假彩色处理方案，对于单波段的图像，通常将图像的高通滤波结果作为红色通道数据、原始图像作为绿色通道数据、原始图像的低通滤波结果作为蓝色通道数据进行伪彩色处理，以突出图像中的不同频率信息特征。

（2）多波段彩色合成

多波段彩色合成就是把三个波段图像数据分别做蓝、绿、红三通道数据的彩色显示。在遥感图像数据的处理中，通常用 MSS 7（红）、5（绿）、4（蓝）三个波段做所谓的"标准假彩色合成"；对于 TM 图像，则为 4（红）、3（绿）、2（蓝）。这种合成方案能比较全面地反映各种地物和地质体在可见光波段的颜色差别和近红外波段的反射特征。由三个波段经过一般的反差扩展而产生的假彩色合成图像并一定具有良好的效果。实际上对图像进行多波段彩色变换之前，通常先对参加合成的三个分量进行线性或非线性扩展，以便使合成的图像色调层次多，包含的信息量最大。

3）彩色空间变换

在图像处理中常应用的彩色坐标系（或彩色空间）有两种：一是由红（R）、绿（G）、蓝（B）三原色组成的彩色空间，即 RGB 空间；另一种是由明度（I）（或称强度、亮度）、色调（H）、饱和度（S）三个变量组成的空间，即 IHS 空间，又称为芒色尔（Musel）彩色空间。两种坐标系的变换称为彩色坐标变换，通常把由 RGB 向 IHS 的变换称为 IHS 变换（或芒色尔变换）；由 IHS 空间向 RGB 空间的变换，称为 RGB 变换。

RGB 空间是图像处理中最常用的彩色空间，主要是因为 RGB 空间比较简单有效，但 RGB 也存在一些不足：

①RGB 空间用红绿蓝三原色的混合比例定义不同的色彩，使不同的色彩难以用准确的数值来表示，并进行定量分析。

②RGB 系统中，由于彩色合成图像通道之间的相关性很高，使合成图像的饱和度偏低，色调变换不大，图像的视觉效果较差。对相关性较高的图像作对比度扩展，通常也只是扩大了图像的明亮程度，对增强色调差异作用较小。

③人眼不能够直接感觉红绿蓝三色的比例，而只能通过感知颜色的亮度、色调以及饱和度来区分物体，而色调和饱和度与红绿蓝的关系是非线性的，因此，RGB 空间中对图像进行增强处理结果难以控制。

IHS 系统能够准确定量地描述颜色特征，因而遥感图像的数字处理与分析中，常常需要把 RGB 空间转换为 IHS 空间。

IHS 模型采用 R、G、B 总量的相对比例 r、g、b 来表示颜色：

$$r = \frac{R}{R+G+B}, g = \frac{G}{R+G+B}, b = \frac{B}{R+G+B}$$

亮度定义为 R、G、B 三原色的平均值,饱和度定义为色点 C 到中心点 W(即白色点)的相对距离 WC/WN,色调定义为 N 点到 r 点的距离 $H = \dfrac{rN}{rg}$(图 3-16)。

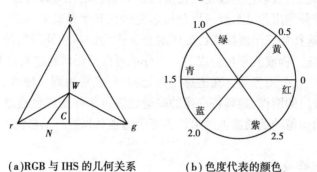

(a)RGB 与 IHS 的几何关系　　　(b) 色度代表的颜色

图 3-16　IHS 变换的关系

实际遥感图像处理中,通常所用的处理方法是:

①考虑到明度 I 动态变化范围很宽,而饱和度 S 及色调 H 变化范围很窄,把 H、S 分别进行反差扩展,然后与 I 一起作彩色显示;

②用明度 I 和经过适当反差扩展的饱和度 S 及色调 H 一起作 RGB 变换返回到 RGB 空间;

③用明度 I 与其他波段或组分图像(如比值图像)一起进行假彩色显示。

4)多波段与彩色增强操作

(1)色彩变换

色彩变换(RGB to IHS)是将遥感图像从红(R)、绿(G)、蓝(B)3 种颜色组成的彩色空间转换到以亮度(I)、色度(H)、饱和度(S)作为定位参数的彩色空间,以便使图像的颜色与人眼看到的更为接近。其中,亮度表示整个图像的明亮程度,取值范围是 0~1;色度代表像元的颜色,取值范围是 0~360;饱和度代表颜色的纯度,取值范围是 0~1(具体算法参看相关书籍)。

在 ERDAS 图标面板菜单条,单击主菜单/图像解译/光谱增强/IHS 转换(Main/Image Interpreter/Spectral Enhancement/RGB to HIS)命令,打开 IHS 转换(RGB to HIS)对话框(图 3-17)。

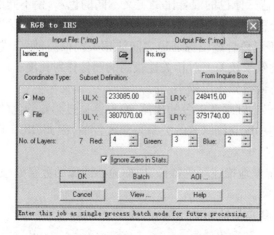

图 3-17　RGB to IHS 对话框

或者在 ERDAS 图标面板工具条,单击图像解译图标/光谱增强/IHS 转换(Interpreter 图标/Spectral Enhancement/RGB to IHS)命令,打开 IHS 转换(RGB to HIS)对话框。

在 RGB to IHS 对话框中,需要设置下列参数:
- 确定输入文件(Input File)为 lanier. img。
- 定义输出文件(Output File)为 ihs. img。
- 文件坐标类型(Coordinate Type)为 Map。
- 处理范围确定(Subset Definition),在 ULX／Y, LRX／Y 微调框中输入需要的数值,默认状态为整个图像范围,可以应用 Inquire Box 定义子区。
- 确定参与色彩变换的 3 个波段,Red:4／Green:3／Blue:2。
- 输出数据统计时忽略零值,选中 Ignore Zero in Stats 复选框。
- 单击确定(OK)按钮,关闭 IHS 转换(RGB to HIS)对话框,执行 RGB to IHS 变换。

(2)色彩逆变换

色彩逆变换(IHS to RGB)是与上述色彩变换对应进行的,是将遥感图像从以亮度、色度、饱和度作为定位参数的彩色空间转换到红、绿、蓝 3 种颜色组成的彩色空间。需要说明的是,在完成色彩逆变换的过程中,经常需要对亮度与饱和度进行最小最大拉伸,使其数值充满 0～1 的取值范围。具体算法参见相关书籍。

在 ERDAS 图标面板菜单条,单击主菜单/图像解译/光谱增强/RGB 转换(Main/Image Interpreter/Spectral Enhancement/IHS to RGB)命令,打开 RGB 转换(IHS to RGB)对话框(图 3-18)。

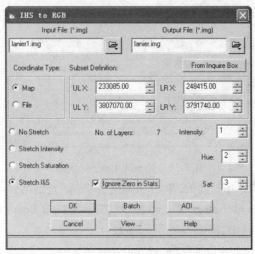

图 3-18　IHS to RGB 对话框

或者在 ERDAS 图标面板工具条,单击图像解译图标/光谱增强/(Interpreter 图标/Spectral Enhancement/IHS to RGB)命令,打开 RGB 转换(IHS to RGB)对话框。

在 IHS to RGB 对话框中,需要设置下列参数:
- 确定输入文件(Input File)为 lanier1. img。
- 定义输出文件(Output File)为 lanier. img。
- 文件坐标类型(Coordinate Type)为 Map。
- 处理范围确定(Subset Definition),在 ULX／Y、LRX／Y 微调框中输入需要的数值,默认状态为整个图像范围,可以应用 Inquire Box 定义子区。

- 对亮度(I)与饱和度(S)进行拉伸,选择 Stretch I&S 单选按钮。
- 确定参与色彩变换的 3 个波段,Intensity:1 / Hue:2 / Sat:3。
- 输出数据统计时忽略零值,选中 Ignore Zero in Stats 复选框。
- 单击确定(OK)按钮,关闭 RGB 转换(IHS to RGB)对话框,执行 IHS to RGB 变换。

(3)自然色彩变换

自然色彩变换(Natural Color)就是模拟自然色彩对多波段数据进行变换,输出自然色彩图像。变换过程中关键是 3 个输入波段光谱范围的确定,这 3 个波段依次是近红外(NearInfrared)、红、绿,如果 3 个波段定义不够恰当,则转换以后的输出图像也不可能是真正的自然色彩。

在 ERDAS 图标面板菜单条,单击主菜单/图像解译/光谱增强/自然色彩变换(Main/Image Interpreter/Spectral Enhancement/Natural Color)命令,打开自然色彩变换(Natural Color)对话框(图 3-19)。

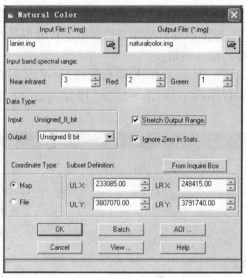

图 3-19　Natural Color 对话框

或者在 ERDAS 图标面板工具条,单击图像解译图标/光谱增强/自然色彩变换(Interpreter 图标/Spectral Enhancement/Natural Color)命令,打开 Natural Color 对话框。

在 Natural Color 对话框中,需要设置下列参数:

- 确定输入文件(Input File)为 lanier. img。
- 定义输出文件(Output File)为 naturalcolor. img 。
- 确定输入光谱范围(Input Band Spectral Range)为 NI:3 / R: 2 / G:1。 /
- 输出数据类型(Output Data Type)为 Unsigned 8 bite。
- 拉伸输出数据,选中 Stretch Output Range 复选框。
- 输出数据统计时忽略零值,选中 Ignore Zero in Stats 复选框。
- 文件坐标类型(Coordinate Type)为 Map。
- 处理范围确定(Subset Definition),在 ULX / Y 、LRX / Y 微调框中输入需要的数值,

其默认状态为整个图像范围,可以应用 Inquire Box 定义子区。
- 单击 OK 按钮,关闭 Natural Color 对话框,执行 Natural Color 变换。

技能训练 3

1)技能目标

(1)会对一幅遥感图像进行色彩变换处理。

(2)会对一幅遥感图像进行色彩逆变换处理。

(3)会对一幅遥感图像进行自然色彩变换处理。

2)仪器工具

计算机(配置要求同前),安装 ERDAS IMAGINE 软件,SPOT、Landsat 等遥感图像数据。

3)实训步骤

(1)色彩变换处理。

(2)色彩逆变换处理。

(3)自然色彩变换处理。

4)基本要求

以个人为单位进行实训作业,实训教师分别进行指导。

每个学生应该按照上述要求完成色彩变换处理作业。实训成果按要求保存在指定位置以备实训教师批改。

5)提交成果资料

(1)一幅色彩变换处理成果。

(2)一幅色彩逆变换处理成果。

(3)一幅自然色彩变换处理成果。

(4)实习报告。

3.1.6　图像变换的基本理论与操作

1)图像变换的基本理论

遥感图像数据量很大,直接在空间域中进行处理,涉及计算量很大。因此,往往采用各种图像变换的方法对图像进行处理。在图像处理中,常常将图像从空间域转换到另一种域,利用这种域的特性来快速、方便地处理或分析图像(如傅立叶变换可在频域中进行数字滤波处理)。将空间域的处理转换为变换域的处理,不仅可减少计算量,而且可获得更有效的处理,有时处理结果需要再转换到空间域,这种转换过程称为图像变换。遥感影像处理中的图像变换不仅是数值层面上的空间转换,每一种转换都有其物理层面上的特定的意义。遥感图像处理中的图像变换主要有:傅立叶变换、沃尔什变换、离散余弦变换、小波变换、$K\text{-}L$ 变换、$K\text{-}T$ 变换等。这里仅介绍傅立叶变换、$K\text{-}L$ 变换和 $K\text{-}T$ 变换。

(1)傅立叶变换

遥感图像处理过程中常常需要对图像进行傅立叶变换,因为在傅立叶变换前的空间中复杂的卷积运算在傅立叶变换后的频率域中变为简单的运算,使算法非常简洁,有利于处理速度的提高。此外傅立叶变换还可以与其他变换如对数变换结合起来完成在空间域中很难实现的图像增强处理。例如,亮度值是照度和反射率的乘积,频率域中照度和背景相关联对应于低频成分，而反射率和目标信息相关联并对应于频率域中的高频成分。直接对图像进行处理使背景减弱又同时增强目标信息是很困难的，但可以通过取对数的方法，则亮度值的对数等于照度的对数和反射率的对数之和，前者成为后两者的叠加，通过对它们进行傅立叶变换和高通滤波，就可以实现所要求的目标增强。

①傅立叶变换的数学定义

传统的傅立叶变换是一种纯频域分析，它可将一般函数 $f(x)$ 表示为一簇标准函数的加权求和，而权函数亦即 f 的傅立叶变换。设 f 是 R 上的实值或复值函数，则 f 为一能量有限的模拟信号，具体定义如下：

一维傅立叶变换：

$$F(u) = \int_{-\infty}^{\infty} f(x) e^{-j2\pi ux} dx \tag{3-4}$$

一维傅立叶逆变换：

$$F^{-1}(u) = f(x) = \int_{-\infty}^{\infty} F(u) e^{j2\pi ux} du \tag{3-5}$$

②傅立叶变换的物理意义

图像的频率是表征图像中灰度变化剧烈程度的指标，是灰度在平面空间上的梯度。如大面积的沙漠在图像中是一片灰度变化缓慢的区域，对应的频率值很低；而对于地表属性变换剧烈的边缘区域在图像中是一片灰度变化剧烈的区域，对应的频率值较高。傅立叶变换在实际中有非常明显的物理意义，设 f 是一个能量有限的模拟信号，则其傅立叶变换就表示 f 的谱。从纯粹的数学意义上看，傅立叶变换是将一个函数转换为一系列周期函数来处理的。从物理效果看，傅立叶变换是将图像从空间域转换到频率域，其逆变换是将图像从频率域转换到空间域。换句话说，傅立叶变换的物理意义是将图像的灰度分布函数变换为图像的频率分布函数，傅立叶逆变换是将图像的频率分布函数变换为灰度分布函数。

（2）K-L 变换

K-L 变换是离散（Karhunen-Loeve）变换的简称，又称主成分变换（PCA, Principal Component Analysis）。它是对某一多光谱图像 X 利用 K-L 变换矩阵 T 进行线性组合，而产生一组新的多光谱图像 Y，表达式为

$$Y = TX \tag{3-6}$$

式中，X 为变换前的多光谱空间的像元矢量，Y 为变换后的主成分空间的像元矢量，T 为变换矩阵。遥感多光谱影像波段多，一些波段的遥感数据之间有不同程度的相关性（光谱反射的相关性，地形、遥感器波段间的重叠）造成了数据冗余，K-L 变换的作用就是保留主要信息，降低数据量，从而达到增强或提取某些有用信息的目的。

K-L 变换的特点：

①变换后的主分量空间与变换前的多光谱空间坐标系相比旋转了一个角度；

②新坐标系的坐标轴一定指向数据量较大的方向；

③可实现数据压缩和图像增强。

K-L 变换的算法如下：

①求出原始图像数据矩阵 X 的协方差矩阵 S。

$$S = \frac{1}{n} \sum_{i=1}^{n} (X_i - \overline{X})(X_i - \overline{X})^T = (s_{ij})_{p \times p} \tag{3-7}$$

式中，X_i 为第 i 个像元的亮度值向量，$X_i = [x_{i1}, x_{i2}, \cdots, x_{ip}]$；$\overline{X}$ 为各波段像元亮度值均值所组成的均值向量，$\overline{X} = [\overline{x_1}, \overline{x_2}, \cdots, \overline{x_p}]$；$n$ 为像元总数；p 为波段总数。

②求 S 矩阵的特征值 λ 和对应的特征向量 U，组成变换阵 T。

根据特征方程求出协方差矩阵的各个特征值 $\lambda_i (i = 1, 2, \cdots, p)$，将其按 $\lambda_1 \geqslant \lambda_2 \geqslant \cdots \geqslant \lambda_p$ 排列（因为 λ_i，就是变换后各个分量的方差，这样排列是为了让各组分按信息量由多到少排列），再求出各特征值对应的单位特征向量 $U_i = [\mu_{1i}, \mu_{2i}, \cdots, \mu_{pi}]^T$。以特征向量为列构成特征向量矩阵，即 $U = [\mu_1, \mu_2, \cdots, \mu_p] = [\mu_{ij}]_{p \times p}$，若 U 矩阵满足 $U^T U = U U^T = I$，即 U 为正交阵，这样 U 就唯一确定。U 的转置阵就是所求的 $K\text{-}L$ 变换的系数阵 T，将 T 代入 $Y = TX$，则 $K\text{-}L$ 变换的具体表达式为：

$$Y = \begin{bmatrix} \mu_{11} & \mu_{21} & \cdots & \mu_{p1} \\ \mu_{12} & \mu_{22} & \cdots & \mu_{p2} \\ \vdots & \vdots & & \vdots \\ \mu_{1p} & \mu_{2p} & \cdots & \mu_{pp} \end{bmatrix} X = U^T X \tag{3-8}$$

这里要注意的是变换后的主组分的个数可以少于或等于变换前原始的波段数，只要对系数矩阵的行向量进行取舍就行，一般后面的组分信息量少，基本上是噪声。

值得一提的是不能完全用主成分的顺序来确定其在图像处理中的价值，其他信息量少的成分，很可能是某种地物信息的集中表示。主成分分析的结果形成数据压缩和互不相关的图像。

（3）$K\text{-}T$ 变换

$K\text{-}T$ 变换是 Kauth-Thomas 变换的简称，也称缨帽变换。该变换是一种坐标空间发生旋转的线性变换，旋转后的坐标轴指向与地面景物有密切关系的方向。表达式为：

$$Y = BX \tag{3-9}$$

式中，X 为变换前的多光谱空间的像元矢量；Y 为变换后的新坐标空间的像元矢量；B 为变换矩阵。

目前对这个变换的研究主要集中在 MSS 与 TM 两种遥感数据的应用分析方面。TM 数据 $K\text{-}T$ 变换后的景观意义可通过图 3-20 形象说明，图中 1,2,3,4 分别代表作物从发芽到枯黄生长的不同阶段。绿度与亮度组成的二维空间称植被视面，它反映了植被从破土发芽到生长旺盛阶段随叶面积增加而绿度值增加，之后开始成熟枯黄，绿度也逐渐降到最低点。湿度与亮度组成的平面为土壤视面，绿度与湿度组成的平面称过渡区视面，都不同程度地反映了作物生长过程中植被与土壤的变化信息。

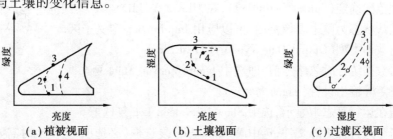

1. 裸土（种子破土前）；2. 生长；3. 植被最大覆盖；4. 衰老

图 3-20　TM 数据 $K\text{-}T$ 变换后的景观意义图

2）图像变换操作

（1）主成分变换

主成分变换（PCA，Principal Component Analysis）是一种常用的数据压缩方法，它可以将具有相关性的多波段数据压缩到完全独立的较少的几个波段上，使图像数据更易于解译。主成份变换是建立在统计特征基础上的多维正交线性变换，是一种离散的 Karhunen-Loeve 变换，又叫 *K-L* 变换。ERDAS IMAGINE 提供的主成分变换功能，最多可以对 256 个波段的图像进行变换。

在 ERDAS 图标面板菜单条，单击主菜单/图像解译/光谱增强/主成分变换（Main/Image Interpreter/Spectral Enhancement/Principal Components）命令，打开主成分变换（Principal Components）对话框（图 3-21）。

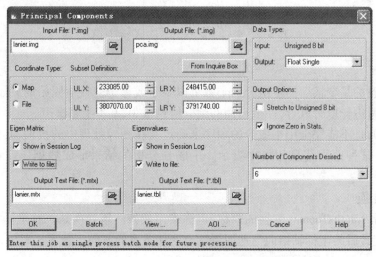

图 3-21　Principal Components 对话框

或者在 ERDAS 图标面板工具条，单击图像解译图标/光谱增强/主成分变换（Interpreter 图标/Spectral Enhancement/ Principal Components）命令，打开主成分变换（Principal Components）对话框。

在 Principal Components 对话框中，需要设置下列参数：

- 确定输入文件（Input File）为 lanier. img。
- 定义输出文件（Output File）为 pca. img。
- 文件坐标类型（Coordinate Type）为 Map。
- 处理范围确定（Subset Definition），在 ULX ／ Y、LRX ／ Y 微调框中输入需要的数值，其默认状态为整个图像范围，可以应用 Inquire Box 定义子区。
- 输出数据类型（Output Data Type）为 Float Single。
- 输出数据统计时忽略零值，即选中 Ignore Zero in Stats 复选框。
- 特征矩阵输出设置（Eigen Matrix）。
- 若需在运行日志中显示，选中 Show in Session Log 复选框。
- 若需写入特征矩阵文件，选中 Write to File 复选框（必选项，逆变换时需要）。
- 特征矩阵文件名（Output Text File）为 lazhoucity. mtx。
- 特征数据输出设置（Eigen Value）。

- 若需在运行日志中显示,选中 Show in Session Log 复选框。
- 若需写入特征数据文件,选中 Write to File 复选框。
- 特征矩阵文件名(Output Text File)为 lazhoucity. tbl。
- 需要的主成分数量(Number of Components Desired)为 6。
- 单击确定(OK)按钮,关闭主成分变换(Principal Components)对话框,执行主成分变换。

(2)缨帽变换

缨帽变换(Tasseled Cap)是针对植物学家所关心的植被图像特征,在植被研究中将原始图像数据结构轴进行旋转,优化图像数据显示效果,是由 R. J. Kauth 和 G. S. Thomas 两位学者提出来的一种经验性的多波段图像线性正交变换,因而又叫 K-T 变换。该变换的基本思想是:多波段(N 困波段)图像可以看作是 N 维空间,每一个像元都是 N 维空间中的一个点,其位置取决于像元在各个波段上的数值。专家的研究表明,植被信息可以通过 3 个数据轴(亮度轴、绿度轴、湿度轴)来确定,而这 3 个轴的信息可以通过简单的线性计算和数据空间旋转获得,当然还需要定义相关的转换系数;同时,这种旋转与传感器有关,因而还需要确定传感器类型。

在 ERDAS 图标面板菜单条,单击主菜单/图像解译/光谱增强/缨帽变换(Main/Image Interpreter/Spectral Enhancement/Tasseled Cap)命令,打开缨帽变换(Tasseled Cap)对话框(图 3-22)。

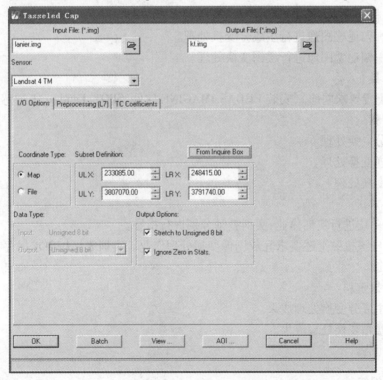

图 3-22　Tasseled Cap 对话框

或者在 ERDAS 图标面板工具条,单击图像解译图标/光谱增强/缨帽变换(Interpreter 图标/Spectral Enhancement/Tasseled Cap)命令,打开缨帽变换(Tasseled Cap)对话框。

- 在 Tasseled Cap 对话框中,需要设置下列参数:
- 确定输入文件(Input File)为 lanier. img。

- 定义输出文件(Output File)为 kt. img。
- 文件坐标类型(Coordinate Type)为 Map。
- 处理范围确定(Subset Definition),在 ULX/Y,LRX/Y 微调框中输入需要的数值(默认状态为整个图像范围,可以应用 Inquire Box 定义子区)。
- 输出数据选择(Output Options)。
- 若需输出数据拉伸到 0~255,选中 Stretch to Unsigned 8 bit 复选框。
- 若需输出数据统计时忽略零值,选中 Ignore Zero in Stats 复选框。
- 定义相关系数(Set Coefficients),单击定义相关系数(Set Coefficients)按钮,打开缨帽变换相关系数(Tasseled Cap Coefficients)对话框。
- 在缨帽变换相关系数(Tasseled Cap Coefficients)对话框中,首先确定传感器类型(Sensor)为 Landsat 4 TM,然后定义相关系数(Coefficient Definition),可利用系统默认值。
- 单击确定(OK)按钮,关闭缨帽变换相关系数(Tasseled Cap Coefficients)对话框。
- 单击确定(OK)按钮,关闭缨帽变换(Tasseled Cap)对话框,执行缨帽变换。

技能训练 4

1)技能目标
(1)会对一幅遥感图像进行主成分变换处理。
(2)会对一幅遥感图像进行缨帽变换处理。

2)仪器工具
计算机(配置要求同前),安装 ERDAS IMAGINE 软件,SPOT、Landsat 等遥感图像数据。

3)实训步骤
(1)主成分变换处理。
(2)色彩逆变换处理。
(3)缨帽变换处理。

4)基本要求
以个人为单位进行实训作业,实训教师分别进行指导。

每个学生应该按照上述要求完成图像变换处理作业。实训成果按要求保存在指定位置以备实训教师批改。

5)提交成果资料
(1)一幅主成分变换处理成果。
(2)一幅缨帽变换处理成果。
(3)实习报告。

知识能力训练

1. 图像增强的目的是什么?
2. 直方图均衡化与直方图匹配有何异同点?
3. 什么是滤波?
4. 什么是图像平滑?什么是图像锐化?各自的处理方法如何?

5. 为什么要进行比值处理？差值运算的目的是什么？

6. 多波段与彩色增强的方式主要有哪些？

7. 遥感图像处理中的图像变换主要有哪些？什么是 *K-L* 变换？什么是 *K-T* 变换？

子情境 2　遥感图像分类

3.2.1　遥感图像分类的基本理论

1）图像分类概述

通过对遥感传感器接收到的电磁波辐射信息，即遥感图像进行处理和判读来识别各种地物，从而提取地物信息、进行土地动态变化监测、制作各种专题图及建立遥感影像库等，是遥感技术的一项非常重要的任务。识别地物属性的关键就是遥感图像分类。遥感图像分类可以通过人工目视解译来实现，或者是用计算机自动分类处理，也可用人工目视解译与计算机自动分类处理相结合来实现。

所谓遥感图像分类是基于图像像元的数据文件值，通过对图像中所反映出的地物电磁波辐射信息特征的分析，将像元归并成有限几种类型、等级或数据集，进而识别出地物属性。

遥感图像分类的理论依据是：遥感图像中的同类地物在相同的条件下（纹理、地形等），应具有相同或相似的光谱信息特征和空间信息特征，从而表现出同类地物的某种内在的相似性，即同类地物像元的特征向量将集群在同一特征空间区域；而不同的地物其光谱信息特征或空间信息特征不同，集群将在不同的特征空间区域。

多光谱遥感图像分类是以每个像元的多光谱矢量数据为基础进行的。假设多光谱图像有 n 个波段，则 (i,j) 位置的像元在每个波段上的灰度值可以构成一个矢量 $X = (x_1, x_2, \cdots x_n)^T$，$X$ 称作该像元的特征值，包含 X 的 n 维空间称为特征空间。这样，n 个波段的多光谱图像便可以用 n 维特征空间中的一系列点来表示。如果将多光谱图像上的每个像元用特征空间中的一个点表示出来，这样多光谱图像和特征空间中的点集具有等价关系。

通常情况下，同一类地面目标的光谱特性比较接近，因此在特征空间中的点聚集在该类的中心附近，多类目标在特征空间中形成多个点族。如图 3-23 在特征空间中 A、B、C 三个相互分开的点集，这样将图像中三类目标区分开来等价于在特征空间中找到若干条曲线（对于高光谱图像，需找到若干个曲面）将 A、B、C 三个点集分割开来，这条曲线（或曲面）就是判别函数 $f(x)$。

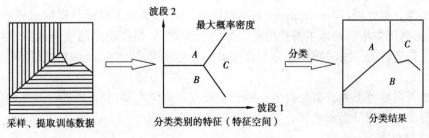

图 3-23　遥感图像分类原理

确定特征空间中的某一点属于哪一类需要一定的判别规则,如果像元满足某一标准,则像元被赋予对应此标准的那一类。遥感图像分类算法的核心就是确定判别函数 $f(x)$ 和相应的判别准则,但在多(高)光谱遥感图像的分类中,情况要复杂得多。为了保证所确定 $f(x)$ 能够较好的将各类地面目标在特征空间中的点分割开来,通常是在一定的准则下求解判别函数 $f(x)$ 和相应的判别准则。

图像分类的过程就是模式识别的过程,遥感图像分类的任务是通过各类地物的光谱特征分析来选择特征参数,将特征空间划分为互不重叠的子空间,然后将影像内各个像元划分到各个子空间中去,从而实现分类。在遥感图像分离以前,需要进行特征参数的选择和特征提取。特征参数选择是从众多特征中挑选出可以参加分类运算的若干个特征,所谓的特征参数就是能够反映地物光谱信息并可用于遥感图像分类处理的变量,如对于 7 个波段的 TM 多光谱图像,由于第 6 波段图像记录的是地面目标的热辐射信息,而其他 6 个波段图像记录的是地面目标的反射光谱信息,因此在 TM 图像分类时通常只采用除第 6 个波段图像以外的其他 6 个波段图像。多波段图像的每个波段都可作为特征参数,多波段图像的比值处理、对数处理、指数变换结果及线性变换结果也可以作为分类的特征参数。多波段多时相是遥感对地观测的特点之一,一景遥感影像常常包含着多个波段,周期性观测有时使得参加分类的遥感图像集中包含多个时相的图像,在遥感图像分类处理时,波段之间的运算也可产生一些新的变量(如比值图像)。因此,遥感图像分类是多变量图像分类,是一个把多维特征空间划分为几个互不重叠子空间的过程。多变量的遥感图像分类,不能仅仅依据个别波段的亮度值,而是要考虑整个向量的特征,在多维空间中进行。

特征提取是在特征选择以后,利用特征提取算法(如主成分分析算法)从原始特征中求出最能反映其类别特征的一组新特征。通过特征提取,既可以达到数据压缩的目的,又提高了不同类别特征之间的可区分性。

针对 n 个波段的多光谱图像的特征选择问题,美国的查维茨教授提出了最佳指数公式(OIF)为:

$$OIF = \frac{\sum_{i=1}^{n} s_i}{\sum_{i=1}^{n} \sum_{j=i+1}^{n} |R_{ij}|}$$ (3-10)

式中 S_i ——第 i 个波段的标准差,S_i 越大,该波段图像的信息量越大;

  R_{ij} ——第 i 个波段与第 j 个波段之间的相关系数,R_{ij} 越小,两个波段数据之间的独立性越高。

综合起来,OIF 值越大,波段组合越优。

遥感图像分类处理(Classification)与图像增强处理都是为了增强和提取遥感图像中的目标信息,但遥感图像增强处理主要是增强图像的视觉效果,提高图像的可解译性,给目视解译提供的信息是定性的。而遥感图像分类直接着眼于地物类别的区分,给目视解译提供的是定量信息。

按照是否需要分类人员事先提供已知类别及其训练样本,对分类器进行训练和监督,可将遥感图像分类方法划分为非监督分类和监督分类。

2) 非监督分类

遥感图像的非监督分类是在没有先验知识(训练场地)的情况下,根据图像本身的统计特征及自然点群的分布情况来划分地物类别的分类处理,事后再对已分出的各类的地物属性进行确认,也称作"边学习边分类法"。

用于非监督分类最常用的统计分析方法是聚类分析,聚类分析是按照像元之间的练习程度(亲疏程度)来进行归类的一种多元统计分析方法。对遥感图像进行聚类分析,通常是按照某种相似性准则对样本进行合并或分离,确定一些描述点与点之间的联系程度的统计量即相似度,在遥感图像处理中用得最多的是距离,如欧式距离、马氏距离和绝对值距离等。

多光谱遥感图像分类中,最常用的是各种距离相似性度量。在相似度量选定以后,必须再定义一个评价聚类结果质量的准则函数。按照定义的准则函数进行样本的聚类分析必须保证在分类结果中类内距离最小,而类间距离最大。也就是说,在分类结果中同一类中的点在特征空间中聚集得比较紧密,而不同类别中的点在特征空间中相距较远。

由此可见,非监督分类不用地面实际数据,不预先确定类别而是对特征相似的像元进行归类,根据归类的结果确定类别,让软件识别图像数据中的统计特征及点群的分布情况产生专题栅格层。依据每类地物具有的相似性,把反映各类型地物特征值的分布,按相似分割和概率统计理论,归并成不同的集群,然后与地面实况进行比较,确定集群的含义。它是在事先没有类别的先验知识的情况下对未知类别的样本进行的分类。当没有训练区,又对研究区不熟悉时,或当图像中包含的目标物不明确时,采用此方法。

ERDAS IMAGINE 软件使用迭代自组织数据分析算法 ISODATA(Iterative Self-Organizing Data Analysis Technique)来进行非监督分类。此聚类方法用最小光谱距离公式对像元数据进行聚类。聚类过程始于任意聚类平均值或一个已有分类模板的平均值,计算像元与平均值的距离,把个体分配到最近的类别中。聚类每重复一次,聚类的平均值就更新一次,新聚类的均值再用于下次聚类循环。ISODATA 实用程序不断重复,直到最大的循环次数已达到设定的阈值,或者两次聚类结果相比达到要求百分比的像元类别已经不再发生变化。

非监督分类的处理流程如图 3-24 所示。

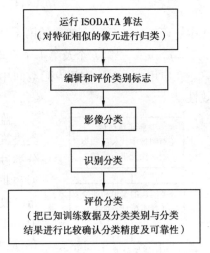

图 3-24　非监督分类处理流程

3) 监督分类

遥感图像的监督分类的思想是,首先根据类别的先验知识确定判别函数和相应的判别准则,其中利用一定数量的已知类别的样本(训练样本)的观测值确定判别函数中待定参数的过程称之为学习(Learning)或训练(Training),然后将未知类别的样本的观测值代入判别函数,再依据判别准则对该样本的所属类别做出判定。

为了设定分类基准,必须知道分类类别的总体的光谱及纹理等特征,虽然光谱特征也可以在地面用光谱辐射计测量,但对于遥感图像来说,由于图像数据中包含大气的影像,所以往往不能把地面的光谱辐射计测量值直接应用于分类。因此,可从图像中已知类别的有代表性的训练区中采样,提取训练数据,使计算机在训练区图像上训练,取得统计特征参数,如平均值、方差、协方差等,建立判别函数,并以这些统计特征参数作为识别分类的统计度量,计算机利用这些来自于训练区的统计标准,按照选定的判别规则将像元进行总体特征(光谱、纹理统计量)的测定,然后把图像中各个像元点规划到给定类中的分类处理。

在监督分类中,必须事先提取出代表总体特征的训练数据以及事先知道目标物中有哪几种类别。事先已经知道类别的有关信息(即类别的先验知识),在这种情况下对未知类别的样本进行分类。类别的先验知识用若干已知类别的样本通过学习的方法来获得。物体的光谱特性可以是通过实地调查获得的资料。为了精确有效地分类,对某一种地物类别,可以选择多个训练区。训练区的选取原则是训练区要有代表性,能够满足分类的要求,即:时间上地形图的成图日期要尽可能的接近图像成像日期;空间上要考虑到每一种地物类型随空间位置变化发生光谱特征变化的可能性,选择训练区应当能够反映这种变化;训练样本的数目最少要满足能够建立分类用判别函数的要求。

从训练数据中测定总体的统计量多采用最大似然比测定法。最大似然比测定法是假定特征空间中总体的概率密度函数的形式,在此基础上把训练数据被提取的概率(似然性)为最高的分布密度函数的统计量(平均值及方差等)作为总体的统计量。通常,总体的概率密度函数多假设为多维正态分布。于是,平均值矢量 μ 的最大似然度估算值 μ_e 用训练数据群 $\{x_1, x_2, \cdots x_m\}$(x 为特征量的列矢量)的平均值给出,方差、协方差矩阵的最大似然度测定值的各要素 $\xi_e(k,1)$ 用下式给出:

$$\xi_e(k,1) = \frac{1}{m} \sum_{i=1}^{m} (x_i^k - u_e^k)(x_i^1 - u_e^1)^t \tag{3-11}$$

式中　x_i^k, x_i^1——第 i 个像元的第 k 个及第 1 个特征量;

　　u_e^k, u_e^1——第 k 个及第 1 个平均值。

在应用中,必须观察特征空间中训练数据的分布形状,确认假设的分布密度函数的有效性。

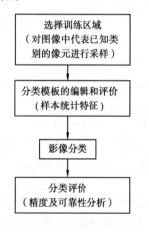

图 3-25　监督分类处理流程

监督分类实质上就是依据所建立的分类模板,在一定的分类决策规则条件下,对图像像元进行聚类判断的过程。在监督分类过程中用于分类决策的规则是多类型、多层次的,分为参数型和非参数型。参数型决策规则假设一个特定的类别的统计分布一般为正态分布,然后估计这个分布的参量,以用于分类算法中。非参数型决策规则对类的分布不做假设。参数型决策规则有:最大似然法、最小距离法、决策树分类法等。非参数型决策规则有:特征空间和平行六面体法等。当然,非参数规则与参数规则可以同时使用,但要注意应用范围,非参数规则只能应用于非参数模板,而对于参数型模板,要使用参数型规则。另外,如果使用非参数型模板,还要确定叠加规则和未分类规则。

监督分类的处理流程如图 3-25 所示。

4)监督分类与非监督分类的比较

监督分类比非监督分类更易被人所控制,此过程中,选择代表可识别的模式的像元,开始选择训练样本之前,需要数据的知识、要分的类及所用的算法。通过识别影像中的模式,可"训练"计算机系统来识别具有类似特征的像元。通过设置类型的优先,当像元被赋予某一类型值时,可对像元进行监督分类。如果分类精确,则每一个产生的类对应最初被识别的模式。

监督分类的主要优点是:可根据应用目的和区域,有选择地决定分类类别,避免出现一些不必要的类别;可控制训练样本的选择;可通过检查训练样本以决定训练样本是否被精确分类,从而避免分类中的严重错误;避免了非监督分类中对光谱集群的重新归类。监督分类的缺点是:分类系统的确定、训练样本的选择人为主观因素较强,分析者定义的类别也许并不是图像中存在的自然类别,导致多维数据空间中各类别间有重叠;分析者所选择的训练样本也可能并不代表图像中的真实情况;由于图像中同一类别的光谱差异,由于太阳高度、地形阴影等差异,类的内部方差大,造成训练样本并没有很好的代表性;训练样本的选取和评估需花费较多的人力和时间;只能识别训练样本中所定义的类别。

非监督分类更计算机自动化。它允许用户明确参数,此参数是计算机用作揭示数据中统计模式的指导方针。

非监督分类的优点是:它不需要预先对所要分类的区域有广泛的了解和熟悉,但在非监督分类中分析者仍需要一定的知识来解释非监督分类得到的集群组。人为误差的机会较少,非监督分类只需要定义几个预先的参数,大大减少了人为误差。即使分析者对分类图像有很强的看法偏差,也不会对分类结果有很大的影响,因此非监督分类产生的类别监督分类所产生的更均质,独特的、覆盖量小的类别均能够被识别。非监督分类的主要缺点是:它产生的光谱集群并不一定对应于分析者想要的类别,因此分析者面临如何将它们和想要的类别相匹配的问题。图像中各类别的光谱特征会随时间、地形等变化,不同图像以及不同时段的图像之间的光谱集群组无法保持其连续性,从而使不同图像之间的对比变得更加困难。

两者之间的最大区别在于,监督分类首先给定类别,需要训练样本,而非监督分类由图像数据的统计特征来确定,此方法快速简单,但仅限于最大 25 类。

5) 专家分类简介

随着计算机计算能力的迅速提高,专家系统和神经网络等一些原先工程实现困难的新方法也在遥感图像分类处理中开始发挥作用。

专家分类是利用了各种经验知识,在综合判断的同时进行图像判读的,但是在利用计算机进行图像分类时就不能充分利用这种专家的知识及综合判断能力。专家系统就是模仿人的思考问题的方式,把某一特定领域的专家知识与经验输入到计算机中,由计算机辅助人们解决问题的系统。在遥感应用领域,利用这样的系统就可以把判读专家的经验性知识综合起来进行遥感图像的分类处理。

对于图像数据进行目标的分类及判读时,必须具备关于目标物的各种知识。例如,利用图像上的目标物的光谱特征及纹理特征知识,以及对 3 000 m 以上地区不存在森林这种关于目标物的知识,还要具备关于图像处理方法的知识,可以说这两种知识的结合是非常重要的。专家的经验知识是以如果(IF)……(前提),那么(THEN)……(结论)的形式表示、存储的,以推论的形式利用的,由很多知识产生知识库。待处理的对象按某种形式将其所有属性组合在一起,作为一个事实,然后由一条条事实组成事实库。每个事实与知识库中的每个知识按一定的推理方式进行匹配,当一个事物的属性满足知识中的条件项,或大部分满足时,则按知识中的THEN 以置信度确定归属。

因此,专家分类系统首先需要建立知识库,然后根据分类目标提出假设,并依据所拥有的数据资料定义支持假设的规则、条件和变量,最后应用知识库自动进行分类。ERDAS IMAG1NE 图像处理系统率先推出专家分类器模块,包括知识工程师和知识分类器两部分,分别应用于不同的情况。专家分类器为用户提供了一种基于规则的方法,用于对多波段图像进行分类、分类后处理及 GIS 建模分析。实质上,一个专家分类系统就是针对一个或多个假设,建立的一个层次型规则集或决策树,而每一条规则就是一个或一组条件语句,用于说明变量的数值或属性。所以,决策树、假设、规则、变量以及由此组成的知识库,便成了专家分类器中最基本的概念和组成要素。

关于专家分类系统的操作过程,本书中将不做详细介绍。

3.2.2 遥感图像分类操作

由于基本的非监督分类属于 IMAGINE Essentials 级产品功能、但在 IMAGINE Professional 级产品中有一定的功能扩展,而监督分类和专家分类只属于 IMAGINE Professional 级产品,所以,非监督分类命令分别出现在 Data Preparation 菜单和 classification 菜单中,而监督分类和专家分类命令仅出现在 Classification 菜单中。

1)非监督分类

(1)初始分类获取

应用非监督分类方法进行遥感图像分类时,首先要调用系统提供的非监督分类方法获得初始分类结果,而后再进行一系列的调整分析。下面首先说明初始分类的获取。

第一步:启动非监督分类

调出非监督分类对话框的方法有以下两种:

在 ERDAS 图标面板工具条中单击数据预处理(DataPre)图标,打开 Da 数据预处理(ta Preparation)对话框,在对话框中单击非监督分类(Unsupervised Classification)按钮,打开非监督分类(Unsupervised Classification)对话框(图 3-26)。

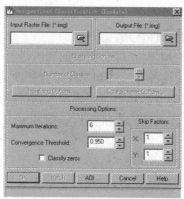

图 3-26　Unsupervised Classification 对话框(方法一)

或者在 ERDAS 图标面板工具条中单击分类器(Classifier)图标,打开分类(Classification)对话框,单击非监督分类(Unsupervised Classification)按钮,打开非监督分类(Unsupervised Classification)对话框(图 3-27)。

可以看到,两种方法调出的非监督分类(Unsupervised Classification)对话框是有一些区别的。

第二步:进行非监督分类

在非监督分类(Unsupervised Classification)对话框(图 3-27)进行下列设置:

- 确定输入文件(Input Raster File):gertm. img。

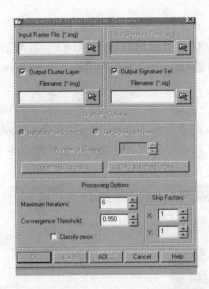

图 3-27　Unsupervised Classification 对话框(方法二)

- 确定输出分类图像文件(Output Cluster Layer Filename):gertm_isodata. img。
- 选择生成分类模板文件为 Output Signature Set(产生一个模板文件)。
- 确定分类模板文件(FileName):gertm_isodata. sig。
- 确定聚类参数(Clustering Options),需要确定初始聚类方法和分类数。

说明:系统提供的初始聚类方法有两种:

Initialize from Statistics 方法是按照图像的统计值产生自由聚类;

Use Signature Means 方法是按照选定的模板文件进行非监督分类。

确定初始分类数(Number of Classes)为 10(分出 10 个类别。实际工作中一般将初始分类数取为最终分类数的两倍以上)。

- 单击初始选项(Initializing Options)按钮。
- 打开文件初始选项(File Statistics Options)对话框,设置 ISODATA 的一些统计参数。
- 色彩方案选项(Color Scheme Options)按钮。
- 打开输出色彩方案选项(Output Color Scheme Options)对话框,设置分类图像色彩属性。
- 确定处理参数(Processing Options),需要确定循环次数与循环阈值。

说明:

定义最大循环次数(Maximum Iterations)为 24(是指 ISODATA 重新聚类的最多次数,是为了避免程序运行时间太长或由于没有达到聚类标准而导致的死循环,在应用中一般将循环次数设置为 6 次以上)。

设置循环收敛阈值(Convergence Threshold)为 0. 95(是指两次分类结果相比保持不变的像元所占最大百分比,是为了避免 ISODATA 无限循环下去)。

- 单击确定(OK)按钮,关闭非监督分类对话框,执行非监督分类。

(2)分类评价

获得一个初始分类结果以后,可以应用分类叠加(Classification Overlay)方法来评价分类结果、检查分类精度、确定类别专题的意义和定义分类色彩,以便获得最终的分类方案。

第一步:显示原图像与分类图像

在窗口中同时显示 gertm. img 和 gertm_iso. img,两个图像的叠加顺序为 gertm. img 在下,gertm_iso. img 在上,gertm. img 显示方式用红(4)、绿(5)、蓝(3),注意在打开分类图像时,一定要在栅格参数(Raster Option)选项卡中取消选中清除显示(Clear Display)复选框,以保证两幅图像叠加显示。

第二步:调整属性字段显示顺序

在工具条单击工具(Tools),或者单击栅格/工具(Raster/Tools)命令,打开栅格(Raster)工具面板。单击栅格(Raster)工具面板的属性表图标,或者在菜单条单击栅格/属性(Raster/Attribute)命令,打开窗口(gertm_isodata 的属性表)(如图 3-28)

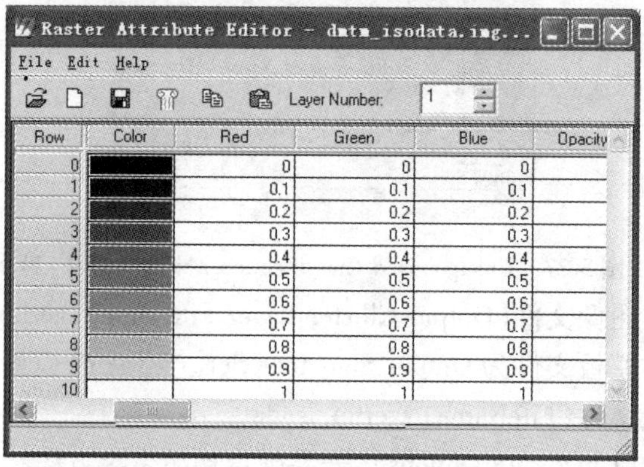

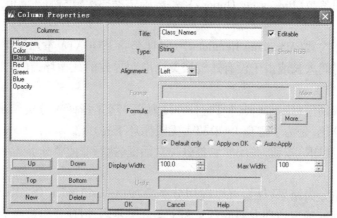

图 3-28　Raster Attribute Editor 窗口

属性表中的 11 个记录分别对应产生的 10 个类及未分类(Unclassified),每个记录都有一系列的字段,如果想看到所有字段,需要用鼠标拖动浏览条。为了方便看到关心的重要字段,需要按照下列操作调整字段显示顺序:

在栅格属性编辑器(Raster Attribute Editor)对话框的菜单条中,单击编辑/列属性(Edit/Column Properties)命令,打开编辑/列属性(Edit/Column Properties)对话框(图 3-29),在 Columns 列表框中选择要调整显示顺序的字段,通过 Up、Down、Top、Bottom 等几个按钮调整其合适的位置;通过设置显示宽度(Display Width)微调框来调整其显示宽度;通过对齐方式(Alignment)下拉框调整期对齐方式。如果选中可编辑(Editable)复选框,则可以在标题(Title)文本框中修改各个字段的名字及其他内容。

图 3-29　Column Properties 对话框

在 Column Properties 对话框中,调整字段顺序方法如下:

- 依次选择直方图(Histogram)、不透明度(Opacity)、颜色(Color)、类名(Class_Names)字段,并利用上移(Up)按钮移动,使这四个字段的显示顺序依次排在前面。
- 单击确定(OK)按钮,关闭列属性(Column Properties)对话框,返回栅格属性编辑器(Raster Attribute Editor)对话框。

第三步:定义类别颜色

这里初始分类图像是灰度图像,各类别的显示灰度是系统自动赋予的,为了提高分类图像的直观表达效果,需要重新定义类别颜色。

在栅格属性编辑器(Raster Attribute Editor)窗口中操作如下:

- 单击一个类别的行(Row)字段从而选择该类别。
- 右击该类别的颜色(Color)字段(颜色显示区)。
- 在 As Is 色表菜单选择一种合适的颜色。
- 重复以上操作,直到给所有类别赋予合适的颜色。

第四步:设置不透明度

由于分类图像覆盖在原图像上面,为了对单个类别的专题含义与分类精度进行分析,首先要把其他所有类别的不透明度(Opacity)值设为0(即改为透明),而要分析的类别的透明度设为1(即不透明0),具体操作如下:

在栅格属性编辑器(Raster Attribute Editor)窗口中的操作如下:

- 右击不透明度(Opacity)字段名。
- 单击列选项/公式(Column Options/Formula)命令。
- 打开公式(Formula)对话框(图 3-30)。
- 在公式(Formula)文本框中输入0。
- 单击应用(Apply)按钮。
- 单击关闭(Close)按钮。
- 返回栅格属性编辑器(Raster Attribute Editor)窗口,所有类别都设置为透明状态。

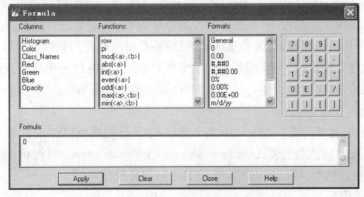

图 3-30　Formula 对话框

下面需要把所分析类别的不透明度设置为1,亦即设置为不透明状态。

在栅格属性编辑器(Raster Attribute Editor)窗口中操作如下:

- 单击一个类别的行(Row)字段从而选择该类别。

- 单击该类别的不透明度(Opacity)字段名从而进入输入状态。
- 在该类别的不透明度(Opacity)字段中输入 1,并按 Enter 键。

此时,在窗口中只有要分析类别的颜色显示在原图像上面,其他类别都是透明的。

第五步:确定类别意义及精度

虽然已经得到了一个分类图像,但是对于各个分类的专题意义目前还没有确定,这一步就是要通过设置分类图像在原图像背景上闪烁(Flicker),来观察其与背景图像之间的关系,从而判断该类别的专题意义,并分析其分类准确程度。当然,也可以用卷帘显示(Swipe)、混合显示(Blend)等图像叠加显示工具,进行判别分析。

在菜单条单击实用工具/闪烁(Utility/Flicker)命令,打开视窗闪烁(Viewer Flicker)对话框,可以进行如下设置:

- 设置闪烁速度(Speed):500。
- 设置自动闪烁状态:选择自动模式(Auto Mode)。
- 单击取消(Cancel)按钮,关闭对话框。

第六步:标注类别名称和颜色

根据上一步作出的分类专题意义的判别,在属性表中赋予分类名称。

在栅格属性编辑器(Raster Attribute Editor)窗口中进行如下设置:

- 单击上一步分析类别的行(Row)字段从而选择该类别。
- 单击该类别的类名(Class_Names)字段从而进入输入状态。
- 在类名(Class_Names)字段中输入该类别的专题名称(如水体)并按 Enter 键。
- 右击该类别的颜色(Color)字段(颜色显示区)。
- 打开 As Is 菜单,选择一种合适的颜色。

重复以上第四、五、六步,直到对所有类别都进行了分析和处理。当然,在进行类别叠加分析时,一次可以选择一个类别,也可以选择多个类别同时进行。

第七步:类别合并与属性重定义

如果经过上述六步操作获得了比较满意的分类,非监督分类的过程就可以结束。反之,如果在进行上述各步操作的过程中,发现分类方案不够理想,就需要进行分类后处理,诸如进行聚类统计、过滤分析、去除分析和分类重编码等,特别是由于给定的初始分类数量比较多,往往需要进行类别的合并操作(分类重编码),而合并操作之后,就意味着形成了新的分类方案,需要按照上述步骤重新定义分类色彩、分类名称、计算分类面积等属性。

2)监督分类

前面已经谈到,监督分类一般有以下几个步骤:定义分类模板(Define),评价分类模板(Evaluate Signature),进行监督分类(Perform Supervised Classification)和评价分类结果(Evaluate)。在实际应用过程中,可以根据需要执行其中的部分操作。

(1)定义分类模板

ERDAS 的监督分类是基于分类模板(Classification Signature)来进行的,而分类模板的生成、管理、评价和编辑等功能是由分类模板编辑器(Signature Editor)来负责的。毫无疑问,分类模板编辑器是进行监督分类一个不可缺少的组件。在分类编辑器中生成分类模板的基础是原图像及其特征空间图像。因此,显示这两种图像的窗口也是进行监督分类的重要组件。

第一步：显示需要分类的图像

在窗口中显示 ERDAS 根目录路径下的示例数据 gertm. img（Red4/Green5/Blue3 选择 Fit to Frame，其他使用默认设置）。

第二步：打开分类模板编辑器

通过下面两种方式均可打开分类模板编辑器：

在 ERDAS 图标面板菜单条，单击主菜单/图像分类/分类/分类模板编辑器（Main/Image Classification/ Classification/ Signature Editor）命令，打开分类模板编辑器（Signature Editor）窗口（图 3-31）。

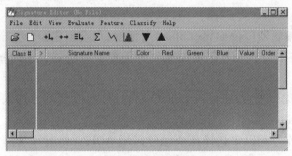

图 3-31　Signature Editor 窗口

或者在 ERDAS 图标面板工具条，单击分类器图标/分类/分类模板编辑器（Classifier / Classification/ Signature Editor）命令，打开分类模板编辑器 Signature Editor 窗口（图 3-31）。

第三步：调整分类属性字段

如图 3-31 所示，分类模板编辑器（Signature Editor）窗口中的分类属性表中有很多字段，有些字段对分类的意义不大，我们希望不显示这些这段，所以可进行如下调整：

在分类模板编辑器（Signature Editor）窗口菜单条中，单击查看/列（View/Columns），打开查看分类模板列字段（View Signature Columns）对话框（图 3-32），在其中进行如下操作：

- 单击第一个字段的 Column 列并向下拖动鼠标直到最后一个字段，此时，所有字段都被选上，并用黄色标识出来。
- 按住 Shift 键的同时分别单击红（Red）、绿（Green）、蓝（Blue）三个字段，则红（Red）、绿（Green）、蓝（Blue）三个字段将分别从选择集中被清除。
- 单击应用（Apply）按钮，分类属性表中显示的字段发生变化。
- 单击关闭（Close）按钮，关闭对话框。

图 3-32　View Signature Columns 对话框

从分类模板列字段（View Signature Columns）对话框中可以看到红、绿、蓝三个字段将不再显示。

第四步：获取分类模板信息

可以分别应用 AOI 绘图工具、AOI 扩展工具和查询光标等三种方法，在原始图像或特征空间图像中获取分类模板信息。下面将分别介绍 4 种不同的方法，但是在实际工作中可能只用其中的一种方法即可,也可能要将几种方法联合应用。

无论是在原图像还是在随后要讲的特征空间图像中,都是通过绘制或产生 AOI 区域来获取分类模板信息。下面首先讲述在遥感图像窗口中产生 AOI 的 4 种方法,即利用 AOI 工具收集分类模板信息的 4 种方法如下:

第一种方法:应用 AOI 绘图工具在原始图像获取分类模板信息。

* 在显示有 gertm. img 图像的视窗里,点击工具(Tools)图标(或者选择菜单条中的栅格/工具(Raster/Tools)菜单命令),打开 Raster 工具面板。

* 点击 Raster 工具面板的 AOI 绘制图标,在视窗中选择绿色区域,绘制一个多边形 AOI。

* 在分类模板编辑器(Signature Editor)对话框,点击创建新分类模板(Create New Signature)图标,将多边形 AOI 区域加载到分类模板编辑器(Signature Editor)分类模板属性表中。

* 在分类模板编辑器(Signature Editor)属性表中,改变刚才加入模板的分类模板名称(Signature Name)和颜色(Color)。

* 重复上述操作过程以多选择几个绿色区域 AOI,并将其作为新的模板加入到分类模板编辑器(Signature Editor)分类模板属性表中,同时确定各类的名字及颜色。

* 如果对同一个专题类型(如农田)采集了多个 AOI 并分别生成了模板,可以将这些模板合并,以便该分类模板具多区域的综合特性。具体做法是在分类模板编辑器对话框中,将该类的分类模板(Signature)全部选定,然后点击合并图标,这时一个综合的新模板生成,原来的多个分类模板同时存在(如果不必要也可以删除)。

* 如果所有的类型建立了分类模板,就可以保存分类模板了。

第二种方法:应用 AOI 扩展工具在原始图像获取分类模板信息。

扩展生成 AOI 的起点是一个种子像元。与该像元相邻的像元被按照各种约束条件来考察,如空间距离、光谱距离等。如果被接受,则与原种子一起成为新的种子像元组,并重新计算新的种子像元平均值(当然也可以设置为一直沿用原始种子的值)。以后的相邻像元将以新的平均值来计算光谱距离。但空间距离一直是以最早的种子像元来计算的。

应用 AOI 扩展工具在原始图像获取分类模板信息,首先必须设置种子像元特性,过程如下:

* 在显示有 gertm. img 图像的视窗中,单击 AOI/种子像元属性(AOI/Seed Properties)菜单,打开区域扩展参数(Region Growing Properties)对话框(如图 3-33)。

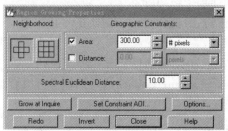

图 3-33　Region Growing Properties 对话框

* 在相邻像元扩展方式(Neighborhood)中:选择按四个相邻像元扩展,表示被点击像元

的上、下、左、右四个像元与被点击像元是相邻的。

- 在选择区域扩展地理约束条件(Geographic Constrains)项中设置约束条件。其中：Area确定每个AOI所包含的最多像元数(或者面积)，Distance确定AOI所包含像元距被点击像元的最大距离，这两个约束可以只设置一个，也可以设置两个或者一个也不设。在此处只设置面积约束为300个像元。

- 设置波谱欧氏距离(Spectral Euclidean Distance)为10。本约束是指AOI可接受的像元值与种子像元平均值之间的最大光波欧氏距离(两个像元在各个波段数值之差的平方之和的二次根)，大于该距离将不被接受。

- 点击选项(Options)按钮，打开区域扩展选项(Region Grow Options)面板以确定一些扩展设置。

- 区域扩展选项(Region Grow Options)面板上有三个复选框，分别是：Include Island Polygons复选框表示在种子扩展过程中可能会有一些不符合条件像元被符合条件的像元包围，这些像元将以岛的形式被删除，如果不选则全部作为AOI的一部分；Update Region Mean复选框是指每一次扩展后是否重新计算种子的平均值，如果选择该复选框则重新计算，如果不选择则一直以原始种子的值为平均值；Buffer Region Boundary复选框是指对AOI产生缓冲区，该设置在选择AOI编辑DEM数据时比较有用，可以避免高程的突然变化。这里选择Include Island Polygons和Update Region Mean。

以上操作完成了种子扩展特性的设置，下面将使用种子扩展工具产生一个AOI。

- 在显示有gertm.img图像的视窗工具条中点击Tools图标(或在视窗菜单条单击Raster/Tools命令)，打开Raster工具面板。

- 点击Raster工具面板的扩展AOI图标，进入扩展AOI生成状态。

- 点击视窗中的红色区域(林地)，单击确定种子像元，AOI自动扩展将生成一个针对耕地的AOI。如果扩展AOI不符合需要，可以修改区域扩展参数(Region Growing Properties)直到满意为止，注意修改设置之后，直接点击重做(Redo)按钮就可重新对刚才点击的像元生成新的扩展AOI。

- 在分类模板编辑器(Signature Editor)对话框，点击创建新分类模板(Create New Signature)图标，将扩展AOI区域加载到分类模板(Signature)属性表中。

- 在分类模板编辑器(Signature Editor)中，改变刚才加入模板的名字(Name)和颜色(Color)。

- 重复上述操作步骤，选择多个AOI区域，并将其作为新的模板加入到分类模板编辑器(Signature Editor)中，同时确定各类别的名字及颜色。

第三种方法：应用查询光标扩展方法获取分类模板信息。

该方法与第二种方法大同小异，只不过第二种方法是在选择扩展工具后，用点击的方式在图像上确定种子像元，而本方法是要用查询光标(Inquire Cursor)确定种子像元。种子扩展的设置与第二种方法完全相同。

- 在显示gertm.img图像的视窗中点击实用程序/查询光标(Utility/Inquire Cursor)。

- 在视窗中出现一个十字光标，十字交点可以准确定位一个像元的位置。

- 将十字光标标交点移动到种子像元上。

- 点击区域扩展参数(Region Growing Properties)对话框的查询方式扩展(Grow at In-quire)按钮,图像窗口中自动产生一个新的 AOI。
- 在分类模板编辑器(Signature Editor)对话框,点击创建新分类模板(Create New Signa-ture)图标,将 AOI 区域加载到 Signature 分类模板属性表中。
- 重复上述操作,参见第二种方法进行,直到生成分类模板文件。

第四种方法:在特征空间图像中应用 AOI 工具产生分类模板。

特征空间图像是依据需要分类的原图像中任意两个波段值分别作横、纵坐标轴形成的图像。

前面所述的在原图像上应用 AOI 区域产生分类模板是参数型模板,而在特征空间图像上应用 AOI 工具产生分类模板则属于非参数型模板。在特征空间图像中应用 AOI 工具产生分类模板的基本操作是:生成特征空间图像,关联原始图像与特征空间图像,确定图像类型在特征空间的位置,在特征空间图像图像绘制 AOI 区域,将 AOI 区域添加到分类模板中,具体过程如下。

在分类模板编辑器(Signature Editor)窗口菜单条中单击特征/创建特征空间层(Feature/Create/Feature Space Layer)命令,打开创建特征空间图像(Create Feature Space Images)窗口(图 3-34),在该窗口中设置如下参数:

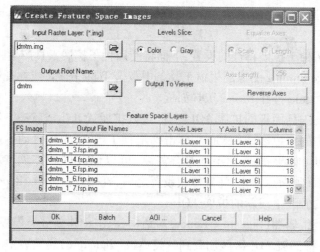

图 3-34 Create Feature Space Images 窗口

- 确定原图像文件名(Input Raster Layer):gertm.img。
- 确定输出图像文件根名(Output Root Name):gertm。
- 选择输出到窗口(Output Viewer),选中 Output to Viewer 复选框,以便生成的输出特征空间图像将自动在一个窗口中打开。
- 确定生成彩色图像,选择 Level Slice 选项组中的 Color 单选按钮,即使产生黑白图像,也可以随后通过修改属性表而改为彩色。
- 在特征空间层(Feature Space Layers)栏中选择特征空间图像为 gertm_2_5fsp.img(由第 2、5 波段生成的特征空间图像,这两个波段反映水体比较明显)。
- 单击确定(OK)按钮,关闭对话框,打开生成特征空间图像的进程状态条。
- 进程结束后,打开特征空间图像窗口。

120

产生了特征空间图像后,需要将特征空间图像窗口与原图像窗口联系起来,从而分析原图像上的水体在特征空间图像上的位置。

在分类模板编辑器(Signature Editor)窗口菜单条中单击特征/视图/联系光标(Feature/View/Linked Cursors)命令,打开联系光标(Linked Cursors)对话框(图3-35)。在该对话框中,可以选择原图像将与哪个窗口中的特征空间图像关联,以及在原图像上和特征空间图像上的十字光标的颜色等参数,并确定原始图像中的水体在特征空间图像上的位置范围。在联系光标(Linked Cursors)对话框进行下列参数设置:

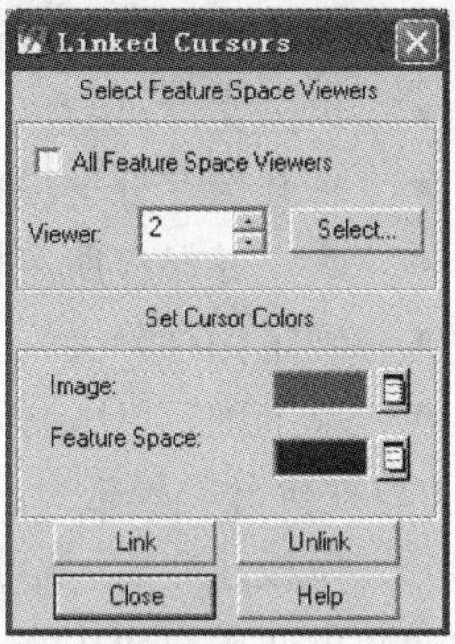

- 在 Viewer 微调框中输入"2"(因为 gertm_2_5. fsp. img 显示在 Viewer#2 中),也可以先单击 Select 按钮,再根据系统提示用鼠标在显示特征空间图像 gertm_2_5. fsp. img 的窗口中单击一下,此时,Viewer 微调框中将出现正确的窗口编号"2",如果在多个窗口中显示了多幅特征空间图像,也可以选中 All Feature Space Viewers 复选框使原图像与所有的特征空间图像关联起来。

图 3-35　Linked Cursor 对话框

- 设置查询光标的颜色(Set Cursor Colors),包括原始图像窗口与特征空间图像窗口。原始图像查询光标的显示颜色(Image),在 As Is 色表中选择红色;特征空间图像查询光标的显示颜色(Feature Space),在 As Is 色表中选择蓝色。
- 单击 Link 按钮,两个窗口关联起来,两个窗口中的查询光标将同时移动。
- 在 Viewer#1(显示原始图像)中拖动十字光标在水体上移动,查看像元在特征空间图像 Viewer#2 中的位置,从而确定水体在特征空间图像中的范围。

以上操作不仅生成了特征空间图像,并将其显示在 Viewer#2 中,而且建立了原始图像与特征空间图像之间的关联关系,进一步确定了原始图像中水体在特征空间图像中的位置范围。下面将通过在特征空间图像上绘制水体所对应的 AOI 多边形,建立水体分类模板等。

- 在显示 gertm_2_5. fsp. img 特征空间图像的菜单条中单击 AOI/工具(AOI/Tools)命令,打开 AOI 工具面板。
- 单击 AOI 绘制图标,进入多边形绘制状态。
- 在特征空间图像窗口中选择与水体对应的区域,绘制一个多边形 AOI。
- 分类模板编辑器(Signature Editor)对话框工具条,单击创建新分类模板(Create New Signature)图标,将多边形 AOI 区域加载到分类模板编辑器的分类模板属性表中。
- 在属性表中,改变水体分类模板的名字(Name)和颜色(Color)属性。
- 重复上述操作,直到生成分类模板文件。当然,不同的分类模板信息需要借助不同波段生成的不同的特征空间图像来获取。
- 在分类模板编辑器(Signature Editor)对话框菜单条中,单击特征/统计(Feature/Statistics)命令,生成 AOI 统计特性。
- 在联系光标(Linked Cursors)对话框中,单击解除关联(Unlink)按钮,解除原始图像和特征空间图像的关联关系。
- 单击关闭(Close)按钮,关闭对话框。

第五步:保存分类模板

以上分别用不同方法产生了分类模板,现在需要将分类模板保存起来,以便随后依据分类模板进行监督分类。

在分类模板编辑器(Signature Editor)对话框菜单条中的操作如下:

- 单击文件/保存(File/Save)命令。
- 打开保存分类模板文件为(Save Signature File As)对话框。
- 确定并保存所有模板(All)还是只保存被选中的模板(Selected)。
- 确定保存分类模板文件的目录和文件名(* . sig)。
- 单击确定(OK)按钮,关闭对话框,保存模板。

(2)评价分类模板

分类模板建立后,就可以对其进行评价、删除、更名、与其他分类模板合并等操作。分类模板的合并可使用户应用来自于不同训练方法的分类模板进行综合分类,这些模板训练方法包括监督、非监督、参数化和非参数化。

分类模板评价工具包括:分类预警(Alarms)、可能性矩阵(Contingency Matirx)、特征对象(Feature Objects)、特征空间到图像掩膜(Feature Space to Image Masking)、直方图方法(Histograms)、分离性分析(Separability)和分类统计分析(Statistics)等。不同的评价方法各有不同的应用范围。例如不能用分离性分析对非参数化(由特征空间产生)的分类模板进行评价,而且要求分类模板中至少应具有 5 个以上的类别。下面介绍这几种模板评价工具。

第一种:分类预警评价

第一步:产生分类预警掩膜

分类模板报警工具根据平行六面体决策规则(Parallelepiped Division Rule)将那些原属于或估计属于某一类别的像元在图像视窗中加亮显示,以示警报。一个报警可以针对一个类别或多个类别进行。如果没有在分类模板编辑器(Signature Editor)中选择类别,那么当前活动类别(Signature Editor 中" > "符号旁边的类别)就被用于进行报警。具体使用过程如下:

- 在分类模板编辑器(Signature Editor)对话框中,点击视窗/图像预警(View/Image Alarm),打开分类预警(Signature Alarm)对话框(图3-36)。

图 3-36　Signature Alarm 对话框

- 选中显示重叠(Indicate Overlap)复选框,使同时属于两个及以上分类的像元叠加预警显示。
- 显示重叠(Indicate Overlap)复选框后的色框中设置像元叠加预警现实的颜色为红色。
- 点击编辑平行六面体限值(Edit Parallelepiped Limits)按钮,打开限值(Limits)对话框。
- 点击限值(Limits)对话框中的设置(SET)按钮。
- 打开设置平行六面体限值(Set Parallelepiped Limits)对话框。
- 设置计算方法(Method)为 Minimum/Maximum。

- 选择使用的模板(Signature)为 Current。
- 点击确定(OK),关闭设置平行六面体限值(Set Parallelepiped Limits)对话框,返回限值(Limits)对话框。
- 点击关闭(Close),关闭限值(Limits)对话框,返回分类预警(Signature Alarm)对话框。
- 点击确定(OK),执行报警评价,形成报警掩膜。
- 单击关闭(Close),关闭分类预警(Signature Alarm)对话框。

根据 Signature Editor 中指定的颜色,选定类别的像元显示在原始图像视窗中,并覆盖在原图像之上,形成一个报警掩膜。

第二步:利用闪烁(Flicker)功能查看报警掩膜 (参见非监督分类评价第五步)

第三步:删除分类报警掩膜

- 在视窗菜单条中点击视窗/排列图层(View/Arrange Layers)菜单命令,打开排列图层(View/Arrange Layers)对话框。
- 右键点击报警掩膜(Alarm Mask)图层,弹出图层选项(Layer Options)菜单。
- 选择删除图层(Delete Layer),则报警掩膜(Alarm Mask)图层被删除。
- 点击应用(Apply)(应用图层删除操作)。
- 提示"Save Change Before Closing?"
- 单击否(NO)。
- 单击关闭(Close),关闭排列图层(Arrange Layers)对话框。

第二种:可能性矩阵

可能性矩阵评价工具是根据分类模板,分析 AOI 训练区的像元是否完全落在相应的类别之中。通常都期望 AOI 区域的像元分到它们参与训练的类别当中,实际上 AOI 中的像元对各个类都有一个权重值,AOI 训练样区只是对类别模板起一个加权的作用。可能性矩阵工具可同时应用于多个类别,如果你没有在分类模板编辑器中确定选择集,则所有的模板类别都将被应用。

可能性矩阵的输出结果是一个百分比矩阵,它说明每个 AOI 训练区中有多少个像元分别属于相应的类别。AOI 训练样区的分类可应用下列几种分类原则:平行六面体(Parallelepiped)、特征空间(Feature Space)、最大似然(Maximum Likelihood)、马氏距离(Mahalanobis Distance)。各种原则详见《ERDAS Field Guide》一书。

可能性矩阵评价工具的使用方法如下:

- 在分类模板编辑器(Signature Editor)对话框的分类属性表中选择所有类别。
- 点击菜单条中的评价/可能性矩阵(Evaluation/Contingency)命令,打开可能性矩阵(Contingency Matrix)对话框(图 3-37)。
- 在非参数规则(Non-parametric Rule)下拉框中选择:Feature Space。
- 在叠加规则(Overlay Rule)下拉框中选择:Parametric Rule。
- 在未分类规则(Unclassified Rule)下拉框中选择:Parametric Rule。
- 在参数规则(Parametric Rule)下拉框中选择:Maximum Likelihood。
- 选择像元总数作为评价输出统计:Pixel Counts。
- 点击确定(OK)按钮,关闭 Contingency Matrix 对话框,计算分类误差矩阵。

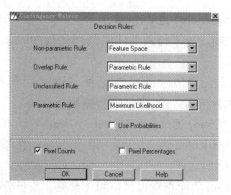

图 3-37　Contingency Matrix 对话框

然后,IMAGINE 文本编辑器(Text Editor)被打开,分类误差矩形矩阵将显示在编辑器中供查看统计,该矩阵的局部(以像元数形式表达部分)如表 3-3 所示。

表 3-3　分类误差矩阵(局部)

Classified Data	Reference data			
	Agri_1	Agri_2	For_1	For_2
Agri_1	176	21	0	0
Agri_2	26	127	0	0
For_1	0	0	277	0
For_2	0	0	0	129
Water_1	0	0	0	0
Water_2	0	0	0	0
Column total	202	148	277	129

从表 3-3 中所显示的分类误差矩形矩阵局部可以看到在 202 个应该属于 agri_1 类别的像元中有 26 个属于了 agri_2,有 176 个仍然属于 agri_1,属于其他类的数目为 0。在 148 个应该属于 agri_2 类别的像元中有 21 个属于了 agri_1,有 127 个仍然属于 agri_2,属于其他类的数目为 0。而 277 个属于 for_1,129 个属于 for_2 的像元全部归于 for_2。其实 agri_1 与 agri_2 都是农用地,因此这个结果是令人满意的。从百分比来说,如果误差矩阵值小于 85%,则分类模板的精度太低,需要重新建立。

第三种:分类图像掩膜

只有产生于特征空间分类模板才可使用本工具,使用时可以基于一个或者多个特征空间模板。如果没有选择集,则当前处于活动状态(位于" > "符号旁边)的模板将被使用。如果特征空间模板被定义为一个掩膜,则图像文件会对该掩膜下的像元作标记,这些像元在视窗中也将被显示表达出来。因此可以直观地知道哪些像元将被分在特征空间模板所确定的类型之中。必须注意,在本工具使用过程中视窗中的图像必须与特征空间图像相对应。

下面是本工具的使用过程:

在分类模板编辑器(Signature Editor)对话框中操作如下:

- 在分类模板属性表中选择要分析的特征空间模板。

- 单击特征/掩膜/特征空间到图像掩膜（Feature/Masking/Feature Space to Image Masking）命令，打开特征空间到图像掩膜（FS to Image Masking）对话框（图3-38）。
- 不选择 Indicate overlay 复选框（选择 Indicate Overlay 复选框意味着"属于不只一个特征空间模板的像元"将用该复选框后边的颜色显示）。
- 单击应用（Apply）按钮，应用参数设置，产生分类掩膜。
- 单击关闭（Close）按钮，关闭 FS to Image Masking 对话框。

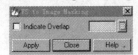

图 3-38　FS to Image Masking 对话框

这时图像窗口中生成被选择的分类图像掩膜，可通过图像叠加显示功能评价分类模板。

第四种：模板对象显示

模板对象显示工具可以显示各个类别模板（无论是参数型还是非参数型）的统计图，以便比较不同的类别，统计图以椭圆形式显示在特征空间图像中，每个椭圆都是基于类别的平均值及其标准差。可以同时产生一个类别或多个类别的图形显示。如果没有在模板编辑器中选择类别，那么当前处于活动状态（位于" ＞"符号旁边）的类别就被应用，模板对象显示工具还可以同时显示两个波段类别均值、平行六面体和标识（Label）等信息。由于是在特征空间图像中绘画椭圆，所以特征空间图像必须处于打开状态，方法如下：

在分类模板编辑器（Signature Editor）窗口中，单击菜单条中的特征/对象（Feature/Objects）命令，打开分类模板对象（Signature Objects）对话框（图3-39）。在其中设置下列参数：

- 确定特征空间图像视窗（Viewer）：2。
- 确定绘制分类统计椭圆：选择 Plot Ellipses 选框。
- 确定统计标准差（Std. dev.）：4 。
- 单击确定（OK）按钮，执行模板对象图示，绘制分类椭圆。

显示特征空间图像的 Viewr#2 中显示出特征空间及所选类别的统计椭圆，这些椭圆的重叠程度，反映了类别的相似性。如果两个椭圆不重叠，说明它们代表相互独立的类型，正是分类所需要的。然而，重叠是肯定有的，因为几乎没有完全不同的类别。如果两个椭圆完全重叠或重叠较多，则这两个类别是相似的，对分类而言，这是不理想的。

图 3-39　Signature Objects 对话框

第五种：直方图绘制

直方图绘制工具通过分析类别的直方图对模板进行评价和比较，本功能可以同时对一个或多个类别制作直方图，如果处理对象是单个类别（选择 Single Signature），那就是当前活动类别（位于" ＞"符号旁边的那个类别），如果是多个类别的直方图，那就是处于选择集中的类别。操作方法如下。

在分类模板编辑器（Signature Editor）窗口中，单击菜单条中的特征/直方图（Feature/ Histograms）命令，打开直方图绘制控制面板（Histograms Plot Control Panel）对话框（图3-40）。在其中，设置下列参数：

- 确定分类模板数量（Signature）：All Selected Signatures。
- 确定分类波段数量（Bands）：Single Band。
- 点击绘图（Plot）按钮，绘制分类直方图。

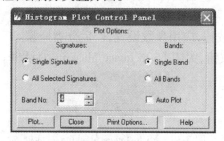

图 3-40　Histograms Plot Control Panel 对话框

第六种：类别的分离性

类别的分离性工具用于计算任意类别间的统计距离，这个距离可以确定两个类别间的差异性程度，也可用于确定在分类中效果最好的数据层。类别间的统计距离是基于下列方法计算的：欧氏光谱距离、Jeffries-Matusta 距离、分类的分离度（Divergence）、转换分高度（Transformed Divergence）。类别的分离性工具可以同时对多个类别进行操作，如果没有选择任何类别，则它将对所有的类别进行操作。

图 3-41　Signature Separability 对话框

在分类模板编辑器（Signature Editor）窗口中，选定某一或者某几个类别，点击评价/分离性（Evaluate/Separability）命令，打开类别分离性（Signature Separability）对话框（图 3-41），在其中设置下列参数：

- 确定组合数据层数（Layers Per Combination）：3。

说明：Layers Per Combination 是指本工具将基于几个数据层来计算类别间的距离，例如可以计算两个类别在综合考虑 6 个层时的距离，也可以计算它们在 1、2 两个层上的距离。

- 选择计算距离的方法（Distance Measure）：Transformed Divergence。
- 确定输出数据格式（Output Form）：ASCll。
- 确定统计结果报告方式（Report Type）：Summaary Report。

说明：选择 Summary Report，则计算结果只显示分离性最好的两个波段组合的情况，分别对应最小分离性和平均分离性最大；如果选择 Complete Report，则计算结果不只显示分离性最好的两个波段组合，而且要显示所有波段组合的情况。

- 点击确定（OK）按钮，执行类别的分离性计算，并将结果显示在 ERDAS 文本编辑器视窗。
- 点击关闭（Close）按钮，关闭类别分离性（Signature Separability）对话框在文本编辑器窗口，可以对报告结果进行分析，可以将结果保存在文本文件中。

（3）执行监督分类

监督分类实质上就是依据所建立的分类模板，在一定的分类决策规则条件下，对图像像元进行聚类判断的过程。在 ERDAS 图标面板工具条中,单击分类器/图像分类/监督分类(Classifier/Classification/Supervised Classification)命令,打开监督分类(Supervised Classification)对话框,在该对话框中,需要确定下列参数:

- 确定输入原始文件(Input Raster File):gertm. img。
- 定义输出分类文件(Classified File):gertm_superclass. img。
- 确定分类模板文件(Input Signature File):gertm. sig。
- 选择输出分类距离文件为 Distance File(用于分类结果进行阈值处理)。
- 定义分类距离文件(Filename):gertm_distance. img。
- 选择非参数规则(Non-Parametric Rule):Feature Space。
- 选择叠加规则(Overlay Rule):Parametric Rule。
- 选择未分类规则(Unclassified Rule):Parametric Rule。
- 选择参数规则(Parametric Rule):Maximum Likelihood。
- 取消选中 Classify Zeros 复选框(分类过程中是否包括 0 值)。
- 单击 OK 按钮,执行监督分类,关闭 Supervised Classification 对话框。

在 Supervised Classification 对话框还可以定义分类图的属性表项目:

- 单击属性选项(Attribute Options)按钮。
- 打开属性选项(Attribute Options)对话框。
- 在对话框中进行相应项目选择。
- 单击确定(OK)按钮,关闭对话框。
- 返回监督分类(Supervised Classification)对话框。

通过属性选项(Attribute Options)对话框,可以确定模板的哪些统计信息将被包括在输出的分类图像层中。这些统计值是基于各个层中模板对应的数据计算出来的,而不是基于被分类的整个图像。

(4)评价分类结果

执行了监督分类之后,需要对分类结果进行评价,ERDAS 提供了多种分类评价方法,包括分类叠加(Classification Overlay)、定义阈值(Thresholding)、分类重编码(Recode Classes)和精度评估(Accuracy Assessment)等,下面有侧重的对几种评价方法进行介绍。

第一种:分类叠加

分类叠加就是将专题分类图像与分类原始图像同时在一个视窗中打开,将分类专题层置于上层,通过改变分类专题的透明度及颜色等属性,查看分类专题与原始图像之间的关系。对于非监督分类结果,通过分类叠加方法来确定类别的专题特性,并评价分类结果。对监督分类结果,该方法只是查看分类结果的准确性。操作过程参见非监督分类的分类叠加操作。

第二种:分类精度评估

分类精度评估是将专题分类图像中的特定像元与已知分类的参考像元进行比较,实际工作中常常是将分类数据与地面真值、先前的试验地图、航空相片或其他数据进行对比。下面是具体的操作过程:

第一步:在视窗中打开原始图像

在 Viewer 中打开分类前的原始图像,以便进行精度评估。

第二步:启动精度评估对话框

点击ERDAS图标面板菜单条中的主菜单/图像分类/分类/精度评估(Main/Image Classification/Classification/Accuracy Assessment)命令,或ERDAS图标面板工具条中的分类器/分类/精度评估(Classifier/Classification/Accuracy Assessment)命令,打开精度评估(Accuracy Assessment)对话框(图3-42)。

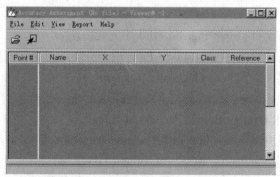

图3-42　Accuracy Assessment 对话框

精度评估(Accuracy Assessment)对话框中显示了一个精度评估矩阵(Accuracy Assessment Cellarray)。精度评估矩阵中将包含分类图像若干像元的几个参数和对应的参考像元的分类值。这个矩阵值可以使用户对分类图像中的特定像元与作为参考的已知分类的像元进行比较,参考像元的分类值是用户自己输入的。矩阵数据存在分类图像文件中。

第三步:打开分类专题图像

点击精度评估(Accuracy Assessment)窗口菜单条中的文件/打开(File/Open)命令,打开分类图像(Classified Image)对话框,在其中确定与视窗中对应的分类专题图像,点击确定(OK)按钮(关闭 Classified Image 对话框),返回 Accuracy Assessment 对话框。

第四步:将原始图像视窗与精度评估视窗相连接

在 Accuracy Assessment 窗口菜单条中点击选择视窗(Select Viewer)图标,或菜单条中选择视窗/选择视窗(View /Select Viewer)命令,将光标在显示有原始图像的视窗中点击一下,原始图像视窗与精度评估视窗相连接。

第五步:在精度评价对话框中设置随机点的色彩

在 Accuracy Assessment 窗口菜单条中,点击视窗/改变颜色(View/Change Colors)菜单项,打开改变颜色(Change Color)面板(图3-43),在其中设置:

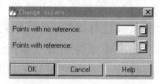

图3-43　Change Color 对话框

- 在 Points with no Reference 确定没有真实参考值的点的颜色。
- 在 Points with Reference 确定有真实参考值的点的颜色。
- 点击确定(OK)(执行参数设置),返回 Accuracy Assessment 对话框。

第六步:产生随机点

本步操作将在分类图像中产生一些随机的点,随机点产生之后,需要用户给出随机点的实际类别。然后,随机点的实际类别与在分类图像的类别将进行比较。

在 Accuracy Assessment 窗口中,单击编辑/创建/增加随机点(Edit /Create/Add Random Points),打开增加随机点(Add Random Points)对话框(图 3-44)。在其中设置如下:

- 在搜索数目(Search Count)中输入 1024。
- 在点数(Number of Points)中输入 20。
- 在分布参数(Distribution Parameters)选择随机(Random)单选框。
- 点击确定(OK)(按照参数设置产主随机点)。
- 返回 Accuracy Assessment 对话框。

图 3-44   Add Random Points
对话框

可以看到在 Accuracy Assessment 对话框的数据表中出现了 10 个比较点,每个点都有点号、X/Y 坐标值、Class、Reference 等字段,其中点号、X/Y 坐标值字段是有属性值的。

说明:在 Add Random Point 对话框中,Search Count 是指确定随机点过程中使用的最多分析像元数,当然这个数目一般都比 Number of Point 大很多,Number of Points 设为 20 说明是产生 20 个随机点,如果是做一个正式的分类评价,必须产生 20 个以上的随机点。选择 Random 意味着将产生绝对随机的点位,而不使用任何强制性规则。Equalized Random 是指每个类别将具有同等数目的比较点。Stratified Random 是指点数与类别涉及的像元数成比例,但选择该复选框后可以确定一个最小点数(选择 Use Minimum Points),以保证小类别也有足够的分析点。

第七步:显示随机点及其类别

在 Accuracy Assessment 窗口菜单条中,选中视窗/显示所有(View/Show All)(所有随机点均以第五步中设置的颜色显示在视窗中),点击编辑/显示类别值(Edit/Show Class Values)(各点的类别号出现在数据表的 Class 字段中)。

第八步:输入参考点的实际类别值

在 Accuracy Assessment 窗口数据表的参考(Reference)字段输入各个随机点的实际类别值(只要输入参考点的实际分类值,它在视窗中的色彩就变为第五步设置的 Point With Reference 颜色)。

第九步:设置分类评价报告输出环境及输出分类评价报告

在 Accuracy Assessment 窗口菜单条中操作如下:

- 点击报告/选项(Report/Options)命令,通过点击确定分类评价报告的参数。
- 点击报告/精度报告(Report/Accuracy Report)(产生分类精度报告)。
- 点击报告/窗口报告(Report/Cell Report)(报告有关产生随机点的设置及窗口环境)。
- 所有报告将显示在 ERDAS 文本编辑器窗口,可以保存为本文件。
- 点击文件/保存评价数据表(File/Save Table)命令(保存分类精度评价数据表)。
- 点击文件/关闭(File/Close)命令,关闭 Accuracy Assessment 对话框。

通过对分类的评价,如果对分类精度满意,保存结果。如果不满意,可以进一步做有关的修改,如修改分类模板等,或应用其他功能进行调整。

3)分类后处理

无论监督分类还是非监督分类,都是按照图像光谱特征进行聚类分析的,因此,都带有一定的盲目性。所以,对获得的分类结果需要再进行一些处理工作,才能得到最终相对理想的分类结果,这些处理操作通称为分类后处理。常用的后处理方法有聚类统计(Clump)、过滤分析(Sieve)、去除分析(Eliminate)、分类重码(Recode)等。

(1)聚类统计

无论利用监督分类还是非监督分类,分类结果中都会产生一些面积很小的图斑。无论从专题制图的角度,还是从实际应用的角度,都有必要对这些小图斑进行剔除。ERDAS 系统中的 GIS 分析命令 Clump、Sieve、Eliminate 可以联合完成小图斑的处理工作。

聚类统计(Clump)是通过地分类专题图像计算每个分类图斑的面积,记录相邻区域中最大图斑面积的分类值等操作,产生一个 Clump 类组输出图像,其中每个图斑都包含 Clump 类组属性。该图像是一个中间文件,用于进行下一步处理。

在 ERDAS 图标面板菜单条中,点击主菜单/图像解译/GIS 分析/聚类分析(Main/Image Interpreter/GIS Analysis/Clump),或在 ERDAS 图标面板工具条中点击图像解译/GIS 分析/聚类分析(Interpreter/GIS Analysis/Clump),打开聚类分析(Clump)对话框,并确定下列参数:

- 确定输入文件(Input File):gertm_superclass. img。
- 定义输出文件(Output File): gertm_clump. img。
- 确定文件坐标类型(Coordinate Type):Map。
- 处理范围确定(Subset Definition):ULX/Y, LRX/Y(缺省状态为整个图像范围,可以应用 Inquire Box 定义子区)。
- 确定聚类统计邻域大小(Connect Neighbors):8(统计分析将对每个像元四周的 8 个相邻像元进行)。
- 点击确定(OK)按钮,关闭 Clump 对话框,执行聚类统计分析。

(2)过滤分析

过滤分析(Sieve)功能是对经 Clump 处理后的 Clump 类组图像进行处理,按照定义的数值大小,删除 Clump 图像中较小的类组图斑,并给所有小图斑赋予新的属性值 0。显然,这里引出了一个新的问题,就是小图斑的归属问题。可以与原分类图对比确定其新属性,也可以通过空间建模方法、调用 Delerows 或 Zonel 工具进行处理(详见 ERDAS 空间建模联机帮助)。Sieve 经常与 Clump 命令配合使用,对于无须考虑小图斑归属的应用问题,有很好的作用。

在 ERDAS 图标面板菜单条中,点击主菜单/图像解译/GIS 分析/过滤分析(Main/Image Interpreter/GIS Analysis/Sieve),或在 ERDAS 图标面板工具条中点击图像解译图标/GIS 分析/过滤分析(Interpreter 图标/GIS Analysis/Sieve),打开过滤分析(sieve)对话框,并设置下列参数:

- 确定输入文件(Input File):gertm_superclass. img。
- 定义输出文件(Output File):gertm_sieve. img。
- 文件坐标类型 (Coordinate Type):Map。
- 处理范围确定(Subset Definition):ULX/Y, LRX/Y(缺省状态为整个图像范围,可以应用 Inquire Box 定义子区)。
- 确定最小图斑大小(Minimum Size):16 pixels。

- 点击确定(OK)按钮,关闭 Sieve 对话框,执行过滤分析。

(3)去除分析

去除分析(Eliminate)是用于删除原始分类图像中的小图斑或 Clump 聚类图像中的小 Clump 类组。与 sieve 命令不同,将删除的小图斑合并到相邻的最大的分类当中,而且如果输入图像是 Clump 聚类图像的话,经过 Eliminate 处理后,将小类图斑的属性值自动恢复为 Clump 处理前的原始分类编码。显然,Eliminate 处理后的输出图像是简化了的分类图像。

在 ERDAS 图标面板菜单条中,点击主菜单/图像解译/GIS 分析/去除分析(Main/Image Interpreter/GIS Analysis/Eliminate)命令, 或在 ERDAS 图标面板工具条中点击图像解译图标/GIS 分析/去除分析(Interpreter 图标/GIS Analysis/Eliminate), 打开去除分析(Eliminate)对话框,并确定下列参数:

- 确定输入文件(Input File):gertm_superclass. img。
- 定义输出文件(Output File):gertm_Eliminate. img。
- 文件坐标类型(Coordinate Type):Map。
- 处理范围确定(Subset Definition):ULX/Y, LRX/Y(缺省状态为整个图像范围,可以应用 Inquire Box 定义子区)。
- 确定最小图斑大小(Minimum):16 pixels。
- 确定输出数据类型(Output):Unsigned 4 Bit。
- 点击确定(OK)按钮,关闭去除分析(Eliminate)对话框,执行去除分析。

(4)分类重编码

作为分类后处理命令之一的分类重编码,主要是针对非监督分类而言的,由于非监督分类之前,用户对分类地区没有什么了解,所以在非监督分类过程中,一般要定义比最终需要多一定数量的分类数;在完全按照像元灰度值通过 ISODATA 聚类获得分类方案后,首先是将专题分类图像与原始图像对照,判断每个分类的专题属性,然后对相近或类似的分类通过图像重编码进行合并,并定义分类名称和颜色。当然,分类重编码还可以用在很多其他方面,作用有所不同。

在 ERDAS 图标面板菜单条中,点击主菜单/图像解译/GIS 分析/重编码(Main/Image Interpreter/GIS Analysis/Recode)命令,或在 ERDAS 图标面板工具条中点击图像解译图标/GIS 分析/重编码(Interpreter 图标/GIS Analysis/Recode),打开重编码(Recode)对话框,并确定下列参数:

- 确定输入文件(Input File):gertm_superclass. img。
- 定义输出文件(Output File):gertm_recode. img。
- 设置新的分类编码(Setup Recode):点击 Setup Recode 按钮。
- 打开专题重编码(Thematic Recode)表格。
- 根据需要改变新值(New Value)字段的取值(直接输入)。
- 点击确定(OK)按钮,关闭专题重编码(Thematic Recode)表格,完成新编码输入。
- 确定输出数据类型(Output):Unsigned 4Bit。
- 点击确定(OK)按钮,关闭重编码(Recode)对话框,执行图像重编码,输出图像将按照 New Value 变换专题分类图像属性,产生新的专题分类图像。

可以在视窗中打开重编码后的专题分类图像,查看其分类属性表,方法是:在主窗口菜单条中点击文件/打开/栅格图层(File/Open/Raster Layer)命令,选择 gertm_recode. img 文件;在视窗菜单条中点击栅格/属性(Raster/Attributes)命令,打开栅格属性编辑器(Raster Attrbute Editor)属性表。

通过对比 Thematic Recode 对话框和 Raster Attrbute Editor 对话框,可以非常清楚地发现重编码前后的联系和区别。

技能训练 5

1)技能目标

(1)会对一幅 IMG 图像进行非监督分类处理。

(2)会对一幅 IMG 图像进行监督分类处理。

2)仪器工具

计算机(配置要求同前),安装 ERDAS IMAGINE 软件,SPOT,Landsat 等遥感图像数据。

3)实训步骤

(1)IMG 图像非监督分类

①获取初始分类。

②进行专题判别。

③确定类别色彩。

④分类合并及分类后处理。

(2)IMG 图像监督分类

①定义分类模板。

②评价分类模板。

③进行监督分类。

④评价分类结果。

⑤分类后处理。

4)基本要求

以个人为单位进行实训作业,实训教师分别进行指导。

每个学生应该按照上述要求完成非监督分类和监督分类作业。实训成果按要求保存在指定位置以备实训教师批改。

5)提交成果资料

(1)一幅 IMG 图像的非监督分类成果。

(2)一幅 IMG 图像的监督分类成果。

(3)实习报告。

知识能力训练

1.什么是遥感图像分类? 遥感图像分类有何意义?

2.计算机遥感图像分类的理论依据是什么?

3.何谓监督分类? 何谓非监督分类? 二者有何区别和联系?

4.简述监督分类的处理流程。

5.简述非监督分类的处理流程。

6. 什么是分类后处理? 分类后处理有哪些方法?

7. 什么是专家分类? 专家分类的基本思想是什么?

8. 试对一幅遥感影像进行非监督分类。

9. 试对一幅遥感影像进行监督分类。

子情境 3　遥感专题图的制作

3.3.1　遥感专题制图的基本知识

遥感专题制图设计的领域很广,如地质图、地貌图、水文图、土壤图、植被图、土地覆盖和土地利用图、土地类型及评价图、自然灾害图、环境污染和保护图等。所有这些地图的编制,遥感图像都已经成为不可缺少的基本资料。

遥感分类图是栅格图,图上的类是用一个个有地理坐标和类属性的像素点表示的。我们通常看到的分类图是向量图,其中的分类图斑是用封闭的多边形或封闭的不规则弧形圈表示的,多边形或弧形圈内不管面积多大或包括多少点,其属性都可用一个代码表示。分类结果可以转换为矢量图,多数图像处理系统都有这种功能。栅格到矢量的转换可以对选定的类进行,也可对所有的类同时进行,通常是每个类保存为一个独立的矢量文件。

实际工作中,更多是将分类图制作为遥感分类专题图,其技术路线如图 3-45 所示。在这个过程中,需要注意如下几个方面:

1) 分类赋色

分类完成后,计算机处理系统一般都是按类顺序(或训练区的颜色)自动给各类别赋色。这些默认的颜色基本上都不符合专业制图的要求,例如,专业制图要求相近的类颜色应相近,面积大的类颜色应较浅等,因此需要重新给各类配色。在 ERDAS 系统中是重编码处理的一部分。各类配好颜色后,可存为一个特定的文件或查找表,供分类图输出时使用。

2) 叠加修饰符号

为了满足制图的要求,需要在图像上叠加各种修饰性内容,包括:比例尺、公里网、指北针、图例、图廓、注记、统计图表等。多数图像处理系统都提供了相应的功能或模板,操作比较方便。

3) 打印输出

分类图可通过各种打印设备输出。输出形式可以是彩色图(以不同颜色表示不同的类),也可以是黑白图(用不同灰度值或灰度级表示不同的类),还可以是符号图(以不同字母或数字表示不同的类)或图案。

3.3.2　遥感专题制图操作

1) 分类栅格图到矢量图的转换

在 ERDAS 图标面板工具条中单击矢量化(Vector)图标(或主菜单中的 Vector 菜单命令),打开矢量工具(Vector Utilities)对话框。在其中单击栅格到矢量(Raster to Vector)按钮,打开栅格到矢量(Raster to Vector)对话框(图 3-46)。在该对话框中进行如下操作:

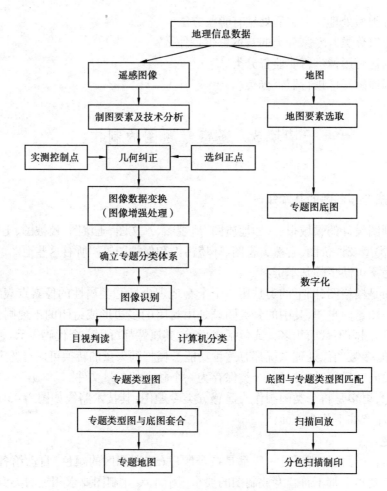

图 3-45　遥感分类专题图制作技术路线

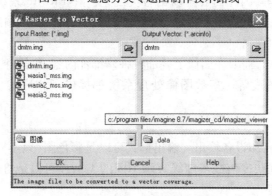

图 3-46　Raster to Vector 对话框

- 确定需要转换的栅格图像（Input Raster）：housing/myscan_2270.tif。
- 确定转换生成的矢量图层（Output Vector）：erdasoutput/myscan_2270.tif。
- 单击确定（OK）按钮，执行参数设置，关闭栅格到矢量（Raster to Vector）对话框。
- 打开栅格到 ARC/INFO 图层（Raster to ARC/INFO Coverage）对话框（图 3-47）。
- 在 Select a Band to Convert 中选择用来转换成矢量图层的栅格图层。

- 在坐标系统(Coordinate)项中选择 Map。
- 在处理范围确定(Subset Definition)项中确定对图像中哪个矩形区域进行栅格矢量化转换。
- 在 Output Coverage Type 中确定输出矢量图层的类型:Polygon。
- 单击确定(OK)按钮,执行栅格矢量转换,关闭栅格到矢量(Raster to Vector)对话框。

若最终制图用的数据是栅格图像,则此步骤可以不用进行。因此,本步骤执行与否,要根据实际需要而定。

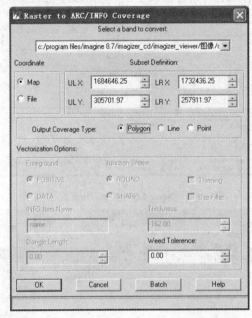

图 3-47 Raster to ARC/INFO Coverage 对话框

2)准备专题制图数据

准备专题制图数据就是在窗口中打开所有要输出的数据层,包括栅格图像数据、矢量图形数据、文字注记数据等,具体操作过程如下:

- 在视窗(Viewer)菜单条中点击文件/打开/栅格图层(File/Open/Raster Layer)命令。
- 在弹出的对话框的文件名(Filename)中输入准备的制图数据:Modeler_output. img。
- 在栅格数据选项(Raster Options)中设置为 Fit to Frame。
- 单击确定(OK)按钮,图像文件 Modeler_output. img 在窗口中打开。

需要说明的是,这里准备的专题制图数据已经按照制图的要求重新进行了分类赋色,分类赋色的操作可以参见前面所讲述的分类重编码部分。

3)生成专题制图文件

在 ERDAS 图标面板菜单条中单击主菜单/地图编辑器/新地图编绘(Main/Map Composer/New Map Composition)命令,打开新地图编绘(New Map Composition)对话框(图 3-48),并定义下列参数:

- 专题制图文件名(New Name):composer. map。
- 输出图幅宽度(Map Width):28。
- 输出图幅高度(Map Height):20。

- 地图显示比例(Display Scale):1。
- 图幅尺寸单位(Units):centimeters。
- 地图背景颜色(Background):white(也可以使用模板文件,即选中 Use Template 复选框)。
- 单击确定(OK)按钮,关闭新地图编绘(New Map Composition)对话框。
- 打开地图编辑器(Map Composer)窗口和注记(Annotation)工具面板(图 3-49)。

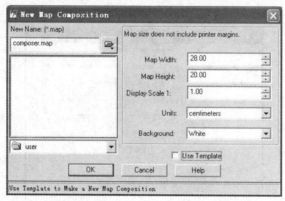

图 3-48　New Map Composition 对话框

图 3-49　Map Composer 窗口和 Annotation 工具面板

4) 确定专题制图范围

地图图框(Map Frame)用于确定专题制图的范围和内容,图框中可以包含栅格图层、矢量图层和注记图层等。地图图框的大小取决于三方面要素:制图范围(Map Area)、图纸范围(Frame Area)、地图比例(Scale)。制图范围是指图框所包含的图像面积(实地面积),使用地面实际距离单位;图纸范围是指图框所占地图的面积(图面面积),使用图纸尺寸单位;地图比例是指图框距离与所代表的实际距离的比值,即制图比例尺。

地图图框的绘制过程如下：

- 在注记(Annotation)工具面板中，单击创建地图图框(Create Map Frame)图标。
- 在地图编辑(Map Composer)窗口的图形窗口中，拖动鼠标左键绘制一个矩形框，图框大小还可以调整，如果要绘制正方形图框，可以在拖动时按住 Shift 键。
- 完成图框绘制，释放鼠标左键后，打开图框数据源(Map Frame Data Source)对话框。
- 单击 Viewer 按钮(从窗口中获取数据填充图框)。
- 打开创建图框指示器(Create Frame Instruction)。
- 在显示图像的窗口中任意位置单击(表示对该图像进行专题制图)。
- 打开地图图框(Map Frame)对话框(图 3-50)，在该窗口中设置下列参数：

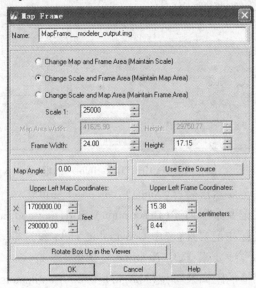

图 3-50　Map Frame 对话框

选择 Change Map and Frame Area 单选按钮(改变制图范围与图框范围，保持比例尺不变)；

图框宽度(Frame Width)值为 24，图框高度(Frame Height)值为 17；

地图旋转角度(Map Angle)为 0；

地图左上角坐标(Upper Left Map Coordinate)的 X 为 1 700 000.00，Y 为 290 000.00；

图框左上角坐标(Upper Left Frame Coordinate)的 X 为 2.00，Y 为 18.00；

单击 OK 按钮，关闭对话框，完成图框绘制。

- 这时制图编辑窗口的图形窗口中显示出图像 Modeler_output.img。
- 点击制图编辑窗口菜单中的 View/Scale/Map to Window 命令，将输出图面充满整个窗口。

5)放置图面整饰要素

在上述作业的基础上，一幅完整的地图还需要放置图廓线、格网线、坐标注记、图名、图例、指北针、比例尺等各种辅助要素，以便使图面更加美观。

(1)绘制格网线和坐标注记

在注记(Annotation)工具面板中，单击创建格网与坐标注记(Create Grid/Ticks)图标，打开

设置格网与坐标注记信息(Set Grid/Ticks Info)对话框(图3-51),在其中设置下列参数:

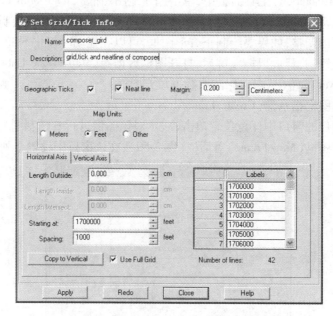

图 3-51　Set Grid/Ticks Info 对话框

- 格网线与坐标注记要素层名称(Name):composer_grid。
- 格网线与坐标注记要素层描述(Description):grid,tick and neatline of composer。
- 选择放置地理坐标注记要素:选中 Geographic Ticks 复选框。
- 选择放置地图图廓线要素:选中 Neatline 复选框。
- 设置图廓线与图框的距离及单位(Margin):0.200Centimeters。
- 选择制图单位(Units):feet。
- 定义水平格网线参数(Horizontal Axis):图廓线之外格网线长度(Length Outside)为 0;图廓线之内格网线长度(Length Inside)为 0;与图廓线相交格网线长度(Length Intersect)为 0;格网线起始地理坐标值(Start at)为 1 700 000 feet(实地坐标及单位);格网线之间的间隔距离(Spacing)为 1 000 feet(实地坐标及单位)。
- 选择使用完整格网线:选中 Use Full Grid 复选框。这时对话框右下侧将会显示格网线的数量和坐标注记的数值。
- 定义垂直格网线参数(Vertical Axis):参照水平格网线参数设置类似的方法设置垂直格网线参数。如果垂直格网线参数与水平格网线相同,则直接单击 Copy to Vertical 按钮,将水平参数复制到垂直方向。
- 单击应用(Apply)按钮,则应用设置参数,格网线、图廓线和坐标注记全部显示在图形窗口。
- 如果满意,单击关闭(Close)按钮,关闭设置格网与坐标注记信息(Set Grid/Ticks Info)对话框。

需要说明的是,格网线、坐标注记和图廓线的样式可预先设置,也可随时修改,修改命令是 Map Composer/Annotation/Styles。

（2）绘制地图比例尺

在注记（Annotation）工具面板中，单击创建比例尺（Create Scale Bar）图标，在地图编辑器（Map Composer）窗口中适当位置拖动鼠标，绘制比例尺放置框。这时打开比例尺指示器（Scale Bar Instructions）。在地图编辑器（Map Composer）图形窗口的地图图框中单击，指定绘制比例尺的依据，打开比例尺参数设置（Scale Bar Properties）对话框（图3-52），在其中设置下列参数：

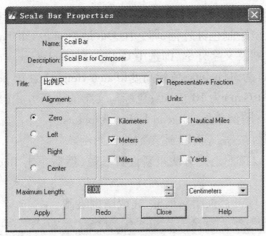

图3-52　Scale Bar Properties 对话框

- 确定比例尺要素名称（Name）：Scale Bar。
- 定义比例尺要素描述（Description）：Scale Bar for Composer。
- 定义比例尺标题（Title）：比例尺。
- 确定比例尺排列方式（Alignment）：Zero。
- 确定比例单位（Units）：meters。
- 定义比例尺长度（Maximum Length）：3 Centimeters。
- 单击应用（Apply）按钮，应用上述参数绘制比例尺。
- 如果不满意，可以按照上述方法重新设置参数，然后单击 Redo 按钮，更新比例尺，直至满意。
- 单击关闭（Close）按钮，关闭对话框，完成比例尺绘制。

（3）绘制地图图例

在注记（Annotation）工具面板中，单击创建图例（Create Legend）图标，在地图编辑器（Map Composer）窗口中适当位置单击，定义放置图例左上角的位置。这时打开图例指示器（Legend Instructions）。在地图编辑器（Map Composer）图形窗口的地图图框中单击，指定绘制图例的依据，打开图例参数设置（Legend Properties）对话框（图3-53），在其中设置下列参数：

- 基本参数（Basic Properties）：图例要素名称（Name）为 Legend；图例要素描述（Description）为 Legend for Composer；图例表达内容（Legend Layout）为改变图例中的 Class Name 等内容。
- 标题参数（Title Properties）：标题的内容（Title Content）为图例；选择标题有下画线，即选中 Underline Title 复选框；标题与下画线的距离（Title/Underline Gap）为2 points；标题与图例框的距离（Title/Legend Gap）为12 points；标题排列方式（Title Alignment）为

居中(Centered);图例尺寸单位(Legend Units)为 point。

- 竖列参数(Columns Properties):选择多列方式,即选中 Use Multiple Columns 复选框;每列有多少行(Entries per Properties)为 15;两列之间的距离(Gap Between Columns)为 20 points;两行之间的距离(Gap Between Entries)为 7.5 points;首行与标题之间的距离(Heading/First Entries Gap)为 12 points;文字之间的距离(Text Gap)为 5 points;选择说明字符的垂直排列方式,即选中 Vertically Stack Descriptor Text 复选框。

- 色标参数(Color Patches):将色标放在文字左边,即选中 Place Patch Left of Text 复选框;使用当前线型绘制色标外框,即选中 Outline Color/Fill Patch 复选框;使用当前线型绘制符号、线划及文字外框,即选中 Outline Symbol/Line/Text Patch 复选框;色标宽度(Patch Width)为 30 points;色标高度(Patch Height)为 10 points;色标与文字之间的距离(Patch/Text Gap)为 10 points;色标与文字的排列方式(Patch/Text Alignment)为居中(Centered);图例单位(Legend Units)为 points。

- 单击应用(Apply)按钮,应用上述参数放置图例。

- 如果不满意,可以按照上述方法重新设置参数,然后单击 Redo 按钮,更新图例,直至满意。

- 单击关闭(Close)按钮,关闭对话框,完成图例绘制。

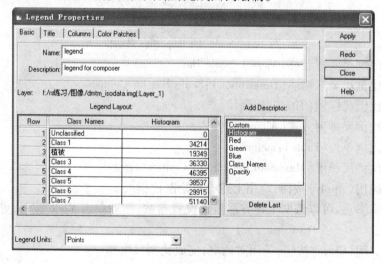

图 3-53　Legend Properties 对话框

(4)绘制指北针

第一步:确定指北针符号类型

在地图编辑器(Map Composer)窗口菜单条中,单击注记/类型(Annotation/Styles)命令,打开地图组件类型(Styles for Composer)对话框。在该对话框中选择符号类型(Symbol Styles)、其他类型(Others),打开指北针符号类型选择(Symbol Chooser)对话框(图 3-54)。在该对话框中确定指北针的类型:

- 选择 Standard/North Arrows/north arrow 2。
- 确定使用颜色:选中 Use Color 复选框,并选择指北针颜色。
- 指北针符号大小(Size):30。
- 指北针符号单位(Units):paper pts。

- 单击应用(Apply)按钮,应用指北针符号类型定义参数。
- 单击确定(OK)按钮,关闭指北针符号类型选择(Symbol Chooser)对话框。

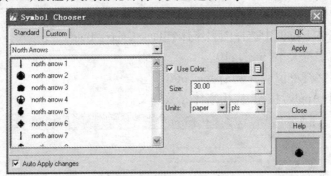

图 3-54　Symbol Chooser 对话框

第二步:放置指北针符号

在注记(Annotation)工具面板中,单击创建指北针符号(Create Symbol)图标,在地图编辑器(Map Composer)窗口中适当位置单击,放置指北针。双击刚才放置的指北针符号,打开指北针符号属性(Symbol Properties)对话框(图 3-55)。在该对话框中设置下列参数以确定指北针要素特性:

- 指北针要素名称(Name):North Arrow。
- 指北针要素描述(Description):North Arrow for Composer。
- 指北针符号中心位置坐标:CenterX 值 25.5,CenterY 值 1.5。
- 选择中心位置坐标类型与单位:Type 为 Map,Units 为 Centimeters。
- 指北针符号旋转角度及单位:Angle 为 0.00,Units 为 Degree。
- 指北针符号大小尺寸(Size):30。
- 选择符号尺寸类型与单位:Type 为 Paper,Units 为 Points。
- 单击应用(Apply)按钮,应用指北针符号特性定义参数。
- 单击关闭(Close)按钮,关闭指北针符号属性(Symbol Properties)对话框。

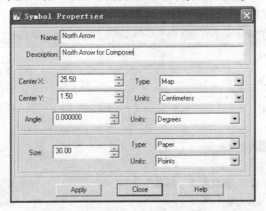

图 3-55　Symbol Properties 对话框

(5)放置地图图名

第一步:确定图名字体

在地图编辑器(Map Composer)窗口菜单条中单击注记/类型(Annotation/Styles)命令,打开地图组件类型(Styles for Composer)对话框,在其中选择字体类型(Text Styles)、选择其他类型(Other),打开字体类型选择(Text Style Chooser)对话框,该对话框有两个选项卡。在标准(Standard)选项卡中(图3-56)设置:

- 在图名字体下拉框中选择图名字体:Black Galaxy Bold。
- 确定图名字符大小(Size):10。
- 确定图名字符单位(Units):paper pts。
- 单击应用(Apply)按钮,应用字体参数定义。

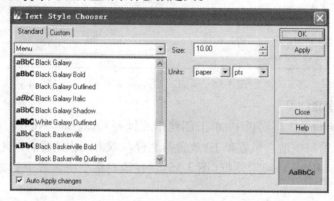

图3-56　Text Style Chooser 对话框(Standard 页)

然后在字体类型选择(Text Style Chooser)对话框的自定义(Custom)选项卡中(图3-57)设置:

- 图名字符大小及单位(Units):10 paper pts。
- 在图名字体下拉框中选择图名字体:Goudy-Old-Style。
- 图名字符倾斜角度(Italic Angle):15.0。
- 图名字符下划线参数(Underline Offset X/Y):2/2。
- 图名字符及阴影颜色(Fill Style)中选择相应颜色。
- 单击应用(Apply)按钮,应用字体参数定义。
- 单击确定(OK)按钮,关闭字体类型选择(Text Style Chooser)对话框。

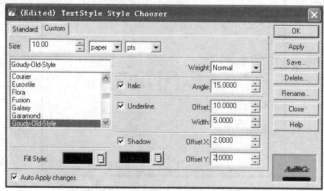

图3-57　Text Style Chooser 对话框(Custom 页)

第二步:放置地图图名

在注记(Annotation)工具面板中,单击创文本(Create Text)图标,在适当位置单击,确定放置图名位置,打开注记文本(Annotation Text)对话框(图 3-58)。在该对话框中的图名字符串输入(Enter Text String)栏中输入"Land Use and Land Cover Image Map of CHINA",单击 OK 按钮,图名即放在了指定位置。

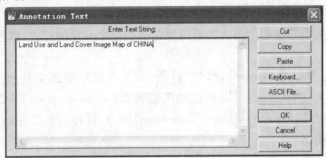

图 3-58　Annotation Text 对话框

第三步:编辑地图图名

图名放置好之后,若有的方面还不满意,则可以通过下面方法进行修改。

在地图编辑器(Map Composer)图形窗口中双击地图图名,打开文本属性(Text Properties)对话框(图 3-59)。在其中可作下列修改:

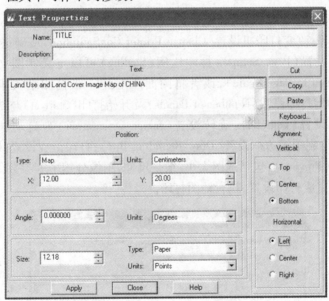

图 3-59　Text Properties 对话框

- 定义图名要素的名称(Name)。
- 定义图名要素的描述(Description)。
- 修改地图图名字符(Text)。
- 定义地图图名位置(Position),包括位置坐标和单位。
- 重新定义地图图名大小(Size)和倾角(Angle)。
- 定义地图图名定位基准点(Alignment)。
- 单击 Apply 按钮,应用新设定的参数,单击 Close 按钮,关闭文本属性(Text Properties)对话框。

（6）书写地图说明注记

地图说明注记书写与地图图名放置过程完全一样，只是内容和位置不同而已，这里不再详述。

（7）保存专题制图文件

通过上述过程生成的专题制图文件可以保存到磁盘中一定的位置，以便修改和应用，方法如下：

在地图编辑器（Map Composer）窗口工具条中，单击保存制图文件（Save Composition）图标，保存制图文件（＊.map）。也可以通过地图编辑器（Map Composer）窗口菜单条中单击文件/保存/地图制图文件（File/Save/Map Composition）命令，保存制图文件。

6）专题图打印输出

地图打印输出可以在 ERDAS 图标面板环境下完成，也可以在地图编辑器（Map Composer）制图环境中完成，下面以地图编辑器（Map Composer）制图环境为例来介绍地图打印输出的过程。

在地图编辑器（Map Composer）窗口工具条中，单击打印制图文件（Print Composition）图标，打开打印地图制图文件（Print Map Composition）对话框（图3-60），并在其中定义下列打印参数：

- 打印机参数（Printer）：确定打印目标（Print Destination），可以是 img 文件、EPS 文件、PDF 文件等；改变打印机设置（Change Printer Configuration）或确定打印文件名。
- 纸张大小设置（Page Setup）：打印比例（Scaling）可以定义制图文件与纸张的比例（Composition to Page Scale），或者将图面压缩到一张打印纸大小（Fill Exactly One Panel）；确定打印张数（Number of Panels）及开始打印（Start at）与结束（End at）页码。
- 打印选择设置（Options）：旋转设置（Image Orientation）为自动（Automatic）或强制（Force）；绘制图幅边框设置（Draw Bounding Box）；打印份数设置（Copies）。
- 打印预览（Preview）：包括地图大小、纸张尺寸、图像分辨率等参数，打印图面。
- 单击 OK，完成打印设置，执行地图打印。

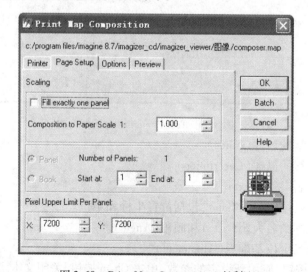

图 3-60　Print Map Composition 对话框

技能训练 6

1）技能目标

会对一幅分类图像进行专题制图设计。

2）仪器工具

计算机（配置要求同前），安装 ERDAS IMAGINE 软件，SPOT、Landsat 等遥感图像数据。

3）实训步骤

（1）准备专题制图数据。

（2）生成专题制图文件。

（3）确定制图范围。

（4）放置图面整饰要素：坐标格网与坐标注记，地图比例尺，地图图例，指北针，图名，地图注记。

（5）专题图打印输出。

4）基本要求

以个人为单位进行实训作业，实训教师分别进行指导。

每个学生应该按照上述要求完成一幅专题图的制图作业。实训成果按要求保存在指定位置以备实训教师批改。

5）提交成果资料

（1）一幅专题制图成果

（2）实习报告。

知识能力训练

1. 何谓专题地图？有哪些专题地图？

2. 从前面分类操作结果中提取某类地物，并制作该类地物的专题地图。

参考文献

[1] 袁金国.遥感图像数字处理[M].北京:中国环境科学出版社,2006.

[2] 韦玉春,汤国安,杨昕,等.遥感数字图像处理教程[M].北京:科学出版社,2007.

[3] 党安荣.ERDAS IMAGINE 遥感图像处理方法[M].北京:清华大学出版社,2008.

[4] 戴昌达,姜小光,唐伶俐.遥感图像应用处理与分析[M].北京:清华大学出版社,2004.

[5] (美)詹森(Jensen,J.R.).遥感数字影像处理导论[M].3 版.北京:科学出版社,2007.

[6] 章孝灿.遥感数字图像处理[M].杭州:浙江大学出版社,1997.

[7] 尹占娥.现代遥感导论[M].北京:科学出版社,2008.

[8] 常庆瑞.遥感技术导论[M].北京:科学出版社,2004.

[9] 钱乐祥.遥感数字影像处理与地理特征提取[M].北京:科学出版社,2004.

[10] 李小娟.ENVI 遥感影像处理教程[M].北京:中国环境科学出版社,2007.

[11] 倪金生,李琦,曹学军.遥感与地理信息系统基本理论和实践[M].北京:电子工业出版社,2004.

[12] ERDAS Inc.ERDAS IMAGINE 8.7 TourGuide,Atlanta,Gaorgia,2003.

[13] ERDAS Inc.ERDAS IMAGINE 8.7 FieldGuide,Atlanta,Gaorgia,2003.

[14] ERDAS Inc.ERDAS IMAGINE 8.7 Imagizer_Viewer,Atlanta,Gaorgia,2003.

[15] ERDAS Inc.ERDAS IMAGINE 8.7 On-line Help,Atlanta,Gaorgia,2003.